文明の衝突と地球環境問題

グローバル時代と日本文明

Kaneko Shinsuke
金子 晋右

論創社

序にかえて

1　ゼロサム思考からプラスサム思考へ

二〇〇六年八月、北方領土の近海において、日本の漁船がロシア警備艇に銃撃され、日本人船員一名が殺害される事件が発生し、全国に衝撃を与えた。

周知のように、スターリン率いる旧ソ連は、日ソ不可侵条約を一方的に破り、日本への侵略を開始した。千島列島へは、終戦後の八月十八日に、上陸作戦を開始した。この時点では、守占島の日本軍守備兵が奮戦し、撃退した。しかしその後、日本の武装解除に乗じて、旧ソ連軍は、日本が放棄した覚えもない北方領土まで占領してしまった。

ロシアは既に民主化しているにもかかわらず、ロシア国民の間からは、こうしたスターリンによる恥ずべき行為への反省の声も聞かれず、日本への領土返還も全く進んでいない。おそらく、領土を返還してしまうと、漁業資源などの点で、自分達が損をしてしまうと思っているのであろう。

近年の東シナ海では、中国政府が、国際ルールを無視したガス田開発を進め、日本の海底資源まで吸い取ろうと画策している。これもまた、恥ずべき行為である。おそらく彼らも、資源を一部でも渡してしまうと、その分、自分達が損をしてしまうと、思っているのであろう。

　こうした、誰かが得をすると、その分だけ自分が損をするという考え方を、ゼロサム思考と呼ぶ。「ゼロサム」とは、得をした者の利益と、損をした者の損失を合計《サム》（sum）すると、ゼロになってしまう関係である。ゼロサム思考の者は、世界はゼロサム関係によって成り立っているため、自分が利益を得るためには、他者に犠牲を強いなければならない、と考えがちである。多くの人々がこうしたゼロサム思考に陥ってしまうと、まだ充分に資源がある段階でも、資源をめぐって誰もが互いに相争う状態となってしまう。

　かつて、全ての人がこうした思考に陥り、少なくなった資源をめぐって相争い、結局誰もが勝者となり得ず、滅びてしまった文明がある。モアイ像で有名なイースター文明である（第二部第四章参照）。イースター島では、各部族が、増えすぎた人口を養うために森林を伐採し、農地を拡大した。加えて、巨大なモアイ像を建設・運搬するために、大量の木材を消費した。最終的には、全ての木々を切り尽くしたため、土壌は流出し、降雨量が減少、食料の生産量は激減した。各部族は食料をめぐって血で血を洗う争いを続け、文明は崩壊した。

　現代文明もまた、こうした状況に陥りつつあるとの危惧の声も聞かれる。全人類の人口は、二十一世紀の後半には、一〇〇億人に達する。当然、一人当たりの資源も、食料も、淡水資源も減少する。その上、森林破壊や地球温暖化の進行によって、このままでは、淡水資源の絶対量が、現在よりも減少してしまう。そしてそれは、必然的に食料生産量を減少させる。

しかも、グローバリズムによって、もし全世界に市場原理が貫徹してしまえば、世界全体ではまだ充分な量の食料や淡水資源が存在していても、貧困層や貧困地域は、その入手が不可能となる（第一部第一章参照）。だが、人間が生きるためには、水と食料が必要である。他のもので代替することはできない。よって、水と食料を平和的に入手できなかった者の多くは、座して死を待つのではなく、他者から強奪する方法を選ぶであろう。

自らが生きるために、他者を犠牲にする。まさに、ゼロサム的な世界の到来である。

また、途上国の貧困層が、貧しさゆえに、より低価格で食料を入手しようとすれば、農地拡大のための無理な森林伐採や過放牧などの、略奪的な農業をせざるを得なくなる。こうした状態では、もはや、地球環境の保全は不可能である。そして、地球環境が劣化すればするほど、淡水資源は枯渇し、食料の生産性は低下していく。にもかかわらず、人類の人口は、まだしばらく増加し続けることが、確実なのである。まさに、文明崩壊の危機である。

実際、古代より人類が各地域で構築してきた諸文明は、環境の劣化によって崩壊している。人類最古の文明であるシュメール文明も、その一つである（第二部第五章参照）。現在は沙漠が広がるイラク南部は、シュメール文明が誕生する前は、森林に覆われた緑の大地であった。

シュメール人は、増え続ける人口を養うために、次から次へと森林を伐採し、農地を拡大した。だがそれにより、同地域の環境は劣化し、最終的には不毛の大地となり、シュメール文明は崩壊した。

よって、現代文明の崩壊を阻止するためには、環境を保全し、人口を抑制しなければならない。だが、自らが生きるために暴力を必要とするゼロサム的な社会では、人口の抑制は困難である。なぜなら、家族の安全保障を自らの腕力に頼る社会では、家族や一族の成員が多ければ多いほど、家族や一族の安全度と生存率が高まるからである。

ゆえに我々は、生きるために、誰もが、暴力の行使も、他者に犠牲を強いる必要もない、プラスサム的な社会を構築しなければならない。人類の歴史において、そうしたプラスサム的な社会を構築した最も良い事例が、江戸時代の日本である。そして、それを可能にしたのが、江戸武士道の根幹をなした活人剣《かつにんけん》の精神である（第二部第六章参照）。

ところで、文明についての定義は、研究者によってさまざまだが、本書では、基本的には、伊東俊太郎東大名誉教授による定義を用いている。伊東名誉教授によると、文明の構造は、二重の同心球で表すことができる。内側の球内を内核、外側の球内を外殻と呼ぶ。内核には宗教や精神文化などのエートスが、外殻には政治システム・経済システムなどの制度が含まれる。他文明との交流により、外殻の制度は、他文明の制度が導入される場合があり、内核のエートスについても、外来宗教や思想の流入により変容する（伊東［1985］［1997］など）。本書で用いる「近代西欧文明」とは、キリスト教と近代合理主義思想を内核に、化石燃料の使用と機械による大量生産という経済システムを外殻に持つものであり、「現代文明」は、「近代西欧文明」の外殻の一部を導入した全ての文明のことを指すものとする。

二十一世紀を生きる我々は、二つの難問を抱えている。一つは、ゼロサム思考によってもたらされる文明間の衝突であり、もう一つが地球環境破壊である。後者については、文明と地球環境との衝突、と見なすことも可能である。

我々二十一世紀を生きる人類は、ゼロサム思考から脱皮し、誰もが互いに利益を得るプラスサム関係を、構築する必要がある。それにより、二重の衝突を同時に回避し、多文明の共生と、人類文明と地球環境との共生という、二重の共生を実現させなければならない（第二部第六章の結論を参照）。本書の目的は、そのための一助となる考察を行うことである。

2　文明の衝突と地球環境問題

本書は、以下のような章別構成である。

第一部　グローバル時代における文明の衝突は如何にして回避し得るか

第一章　市場原理主義と文明の衝突

第二章　農業と食文化をめぐる文明の衝突

第三章　農業と環境をめぐる文明の衝突

第二部　文明と地球環境との衝突は如何にして回避し得るか

第四章　森林経営の諸類型と地球環境問題
第五章　森林保全と人道主義の衝突
第六章　森林保全と人道主義の両立

なお、第二章は、「農業と食文化をめぐるグローバル時代の文明の衝突」（『比較文明』第二一号、二〇〇六年一一月）に、第三章は「環境と農業をめぐるグローバリズム時代の文明間関係―レスター・ブラウン予測を批判的に継承する」（山折哲雄編『環境と文明―新しい世紀のための知的創造』NTT出版、二〇〇五年七月）に、第四章は「森林経営と地球環境問題―コモンズに関する理論的歴史的考察」（『城西大学経営紀要』第四号、二〇〇八年三月）に、それぞれ、若干の加筆修正を加えたものである。

第一章、第五章、第六章は、書き下ろしである。

本書に含まれる最初の論文の執筆を始めたのは、二〇〇四年であった。それから、世界では、環境問題に関わるさまざまなことが起きた。

例えば、アメリカで成立した二〇〇五年エネルギー政策法（the Energy Policy Act of 2005）と、二〇〇七年エネルギー自給・安全保障法（the Energy Independence and Security Act of 2007）。これらにより、バイオ燃料の消費量が増加したため、その原料の一つであるトウモロコシなどの国際価格が上昇、それに伴い、小麦や大豆などの価格も上昇した。食料を自動車の燃料にすることは、世界中の貧困層を飢餓に追い込みかねないものであり、まさに天下の悪法である。

いったいなぜ、環境問題に後ろ向きであると見られていたブッシュ大統領が、この法律に署名したのであろうか。もちろんその本当の理由は、環境問題とは関係がない。アメリカ農民の農家経営を支援するためである。アメリカの労働人口に占める比率がわずか二％でしかない農民のために、なぜそこまで支援をするのか。詳しくは本書の第一部第二章第二節を参照していただきたいが、結論だけ先に述べると、アメリカでは、農民こそが、アメリカ精神の担い手であるとのイメージが定着しているからである。だからこそブッシュ大統領は、実際には大学院まで出た東部エリートであるにもかかわらず、支持率を上げるために、わざとテキサスなまりで話し、しばしばマスコミの前でカウボーイ姿を披露することによって、陽気で純朴な、そして道徳的に正しい、アメリカ精神の担い手であるカウボーイ・ブッシュというイメージを、作っているのである。

また、最近の日本で問題となっているものとして、日本の自給率の低さと、中国からの危険な輸入食品の問題がある。日本の自給率（カロリーベース）約四割と、中国が第二位の輸入相手国、といったことから引き出される結論の一つとして、中国からの輸入なしでは日本は飢餓に陥る、などと言わんばかりの説も、時折見聞きする。

だが、そうした説は、全くのデタラメである。カロリーベースでの日本の自給率が極端に低い理由は、家畜の飼料用トウモロコシを一五〇〇万トン前後も輸入しているからである。ちなみに、国内のコメ生産量は一〇〇〇万トン弱である。つまり、人間が食べるコメの一・五倍もの量のトウモロコシを、牛や豚などの家畜に食べさせているため、自給率の数値が大幅に低くなってしまうのである。

だがそもそも、牛は草を食べて生きる動物であり、豚は、一昔前までは、残飯を用いて育てていた。また、中国の伝統的な養豚方法のように、サツマイモの蔓などの野菜の残滓を与えて育てることもできる。

ではなぜ、現在の日本の畜産農家は、家畜に高価な穀物を与えて育てているのか。その理由は、低価格の輸入畜産物に対抗するための経営戦略として、日本の畜産農家が、高品質高価格路線を選択しているからである。

また、詳しくは本書第一部第二章第三節を参照していただきたいが、自給率ではなく、国産農産物の国内市場占有率で見た場合、金額ベースでは、国産の占有率は約七割である。国内農産物市場全体から見ると、中国からの輸入額は、わずか五%程度にすぎない。よって、危険な農産物や食品は、速やかに輸入停止にすればいいのである。

加えて、一般論として、途上国は取締能力が低いため、たとえ現地政府が環境や安全に関する厳しい規制を設けたとしても、企業側は法律を守らず、環境を破壊しながら危険な商品を生産し続ける。だが先進国が、そうした商品の輸入に規制を加えれば、途上国の企業も、環境や安全に対して配慮せざるを得なくなる。したがって、先進国が、輸入品に対して、環境規定や安全規定、さらには人権規定などを設ければ、途上国の環境・安全・人権などを大いに向上させることができる（中国における農業や環境破壊の問題については、第一部第三章を参照）。先進国である日本は、率先してそうした規定を設けるべきである。

日本の農業や、食料の安全保障問題には、もちろん、多くの欠点もある。だが、本書第二章で指摘したように、日本の農家経営は、世界的に見てもかなりの強靭さを誇っている。重要なのは、その強い部分を大切に守りながら、至らない欠点を克服していくことである。

いたずらに大騒ぎをして、外国の、とりわけアメリカの物まねをして、日本の強い部分まで破壊してしまうのは、あまりにも愚かである。小泉政権以降の構造改革路線により、多くの農家は経営が悪化し、日本の農業の強靭さも、だいぶ損なわれてしまったのではないかと、心配である。本書の第二章が、日本の農業や農家経営の良さを見直し、正しい政策を実施する契機となれば幸いである。

ところで、本書では、京都議定書については、全く触れていない。その理由は、デンマークの学者ロンボルグが正しく指摘しているように、京都議定書の遵守によって得られる効果はほんのごくわずかであるのに対し、その遵守にかかる費用の半額程度の資金で、温暖化の影響を大きく被る途上国の全住民に対して、上下水道などの生活インフラと、基礎医療や初等教育を、提供できるからである（ロンボルグ［2003］四八九～五三〇頁）。

つまり、温暖化そのものを防止するために資金を投入するよりも、温暖化によって大きな被害を受ける人々のために、すなわち、彼らの「人間の安全保障」を守るために、資金を投入する方が、合理的であると同時に、人道的にも正しいのである。

なお本書は、できるだけ多くの方に読んでいただきたいと思い、専門分野の全く異なる方でも一読で容易に理解できるように、できるだけ平易に執筆したつもりである。そのため、一部の専門家にとっては、常識的なことを長々と読まされ、退屈する部分もあるかも知れない。その点は、どうかご容赦願いたい。

二〇〇八年四月

金子　晋右

文明の衝突と地球環境問題――グローバル時代と日本文明

目次

文明の衝突と地球環境問題——グローバル時代と日本文明

本書は、
国際日本文化研究センター文明研究プロジェクト室、
科学研究費補助金・基盤研究（A）（2）『グローバル時代における「文明」間の衝突・融合・共存に関する総合的研究』、
文部科学省科学技術振興調整費研究プロジェクト「調和型文明への東アジアの基盤的政策研究」内「調和型文明ビジョン」分科会、
産学官連携プロジェクト「二十一世紀の環境・経済・文明」
の成果の一部である。

第一部　グローバル時代における文明の衝突は如何にして回避し得るか

第一章　市場原理主義と文明の衝突

1　問題の所在

(1)　イスラム原理主義者は、なぜ世界貿易センタービルを攻撃したのか？

二十一世紀の今日、グローバリズムという怪物が、世界を席巻している。

海外では、二〇〇一年九月十一日のアメリカ合衆国中枢同時多発テロにおいて、国防総省のペンタゴンと共に、世界貿易センタービルが標的となり、多数の犠牲者を出した。文明の衝突[1]を唱えたサミュエル・ハンチントンの予測が的中した、と思った者も少なくなかったであろう。

ペンタゴンへの攻撃については、イスラム原理主義テロリストが、自らの命を狙うアメリカ軍の心臓部に対し、テロ攻撃を仕掛けたという単純な構図である。テロリズムを容認できないのは言うまでもないことだが、その意図を理解することは容易である。

問題は、民間人が働いているだけの世界貿易センタービルである。いったいなぜ、アメリカ経済、あるいはグローバル経済の象徴が、テロ攻撃の標的となったのか。

本書では、グローバルという用語を、経済問題や環境問題などの何らかのものが地球規模に影響を与える状態、と定義する。つまり、本書がしばしば用いるグローバル時代とは、経済問題、食料問題、人口問題、環境問題などの諸問題が、一国の国内に留まらず、全世界に影響を与える時代という意味である。それに対し、グローバリゼーションは、市場が全世界へ拡大する現象と定義し、グローバリズムは、市場原理を全世界に貫徹させることを目的にする思想や運動と定義したい。

また、原理主義という用語は、以下のように定義したい。宗教は、通常多くの教義を内包しているが、それらの教義は、互いに補い合っていることも少なくない。自らが属する宗教が持つそうした多くの教義の中から、特定の教義のみを選択的に取り出して重視、ないしは絶対視し、その教義と対立する教義を、軽視ないしは無視する思想を、原理主義と呼ぶことにする。[2] 本書で用いる市場原理主義は、市場原理のみを絶対視し、それ以外の、例えば人間の生命などを、無視ないしは軽視する思想と、定義しておきたい。

市場社会では、貨幣は、衣食住及び医薬品などのＢＨＮ（Basic Human Needs ベーシック・ヒューマン・ニーズ）を入手するための手段である。既に、ノーベル経済学賞受賞者のアマルティア・センが明らかにしているように、ある社会において、食料の供給量が充分であっても、その社会が市場社会であるならば、貨幣を充分に持っていない者、もしくは、充分な貨幣を入手する能力がない者は、食料を市場から入手することができず、餓死してしまう。よって、「人間の安全保障」(人間の生命や人間らしい生活を守ること)を維持するためには、全ての人々に、権源(entitlement)、すなわち、人間が貨幣を入手する権利及び能力を付与しなければならない。[3]

こうした考え方を背景に、国連開発計画(UNDP)では近年、途上国において、人間開発(Human Development)を精力的に推進している。[4] 人間開発とは、市場社会との関連を重視するならば、教育などで人間の諸能力を向上させることによって、自らの生存を確保することが可能なだけの貨幣を入手できるようにすること、と捉えることができる。

そして、こうした状況下で、途上国をも含めた世界中で、市場原理主義を、強力に推し進めている国際機関が、世界銀行やIMF(国際通貨基金)、それにWTO(世界貿易機関)などである。世界の各地では、伝統的な慣習により、一定程度の人間の安全保障が、地域共同体や村落共同体、あるいは宗教共同体によって、維持されてきた。だが、一九八〇年代以降、世銀やIMFは、途上国の財政難につけ込み、資金を供給する見返りに、市場原理が貫徹するように、伝統的な共同体を破壊するような諸政策を押しつけ始めた。それらは、緊縮財政(小さな政府)、民営化、それに市場の自由化の三本柱からなるワシントン・コンセンサスに基づいたものである。[5] 一九九九年十一月に、米国シアトルで開催されたWTO第三回閣僚会議が、NGOなど六百団体、六十五カ国、総勢七万人の市民による激しい抗議を受けたことも、[6] まだ記憶に新しい。中南米諸国やイスラム諸国、その他多くの国々で、そうした国際機関や、それに筆頭資金提供国であるアメリカに対する反発が強まっているのは、当然であろう。[7]

アメリカに打倒されたアフガニスタンのタリバン政権(8)が、女性の就業や、女性への学校教育を禁止していたのも、こうした背景を踏まえれば、その理由が容易に理解できる。女性が学校教育を受けることによって能力が向上し、市場社会で、自己の生存に必要な量の貨幣を入手することができるようになれば、アフガニスタンの伝統的なイスラム的農村共同体ないしは部族・氏族共同体は、その女性にとって必要のないものとなる。それゆえに多くの女性が農村共同体から、市場社会へと生活の場を移す。そうなれば、農村共同体の衰退と崩壊は必死である。しかも、市場は、常に全ての人間へ充分な貨幣を提供するとは限らない。国家によるセーフティー・ネットが貧弱な途上国では、多くの人々にとって、農村共同体が最後のセーフティー・ネットであることを考えれば、タリバン政権が女性の就業や学校教育を禁止したことは、市場化への警戒と、農村共同体の防衛―もっとも過剰すぎる防衛であったが―、にあったことは、もはや明白であろう。そしてタリバン政権が、アメリカを憎悪するテロリストを支援し、最後までアメリカに敵対した理由も、もはや自明であろう。

イスラム原理主義テロリストが世界貿易センタービルを攻撃したのは、グローバリズムによってイスラム共同体が攻撃され、しかも、イスラム教徒の生命が脅かされている、といった認識があったからであろう。

(2) 現在の日本は内戦下なのか?

こうした彼らのグローバリズムに対する認識は、我々日本人にとっては、当初は、決して理解が容易ではなかった。だが、昨今の日本の現状を目の当たりにして、ようやく理解が容易になったのではないか。

「構造改革」を掲げた小泉政権（二〇〇一年四月〜〇六年九月）の誕生後、我が国の経済状態は、惨憺たる状態となった。一人当たりの国内総生産（ＧＤＰ）は、小泉政権誕生前の二〇〇〇年には、約三・七万ドルで、ルクセンブルクとノルウェーに次ぐ世界第三位であった。ルクセンブルクの人口はわずか四五万人、ノルウェーは四五三万人の人口小国である。人口一〇〇〇万人を超える人口大国の中では、日本は、長期不況に当時苦しんでいたにもかかわらず、世界第一位の経済水準であった。つまり、事実上世界で一番豊かな国だったのである。だが、小泉政権の構造改革により、〇二年には一人当たりＧＤＰが約三・一万ドルへと二割近くも落ち込んだ。さらにその後、米英独仏などの人口大国の先進国に軒並み抜かれて、二〇〇六年には第十八位に転落、世界経済に占める日本のＧＤＰの比率も一〇％を切り、最盛期の一九九四年の約半分にまで低下した。(9)

こうした経済状態全般の悪化に加え、自由化や規制緩和の名の下に、労働市場において、労働者の権利を守るための各種の規制が撤廃されたため、現在では、全労働者のおよそ三分の一が非正規雇用となり、低賃金と不安定な雇用関係を強いられている。しかも、二〇〇七年には、男性労働者に占める非正規雇用の割合は一八・三％となり、その数は五三八万人に達した。その中でも、最も不安定で低賃金なのが派遣労働者であるが、その数は男女合計で一三三万人に達している。(10)

彼らの一部は住む家を失い、ネットカフェ難民（ネットカフェに寝泊まりする労働者）、マック難民（一杯百円のドリンクで、二十四時間営業のファーストフード店で夜を明かす労働者）、車上難民（住む家は失ったが、正社員時代に購入した自家用車はまだ手放さず、車に寝泊まりする労働者）となっている。

とりわけ、二〇〇四年の労働者派遣法のさらなる改正により、製造業に対する人材派遣が自由化されたことが、こうしたホームレスを増加させる契機となった。例えば、北海道などの就職難の地方から、首都圏などの大都市近郊の工場に派遣される労働者が増加した。彼らは工場の寮に入居するが、寮費などを徴収されるため、手取りは一ヶ月で十二〜十四万円程度であり、期間工よりも低賃金である。その上、工場側の生産調整などの都合により、一、二ヶ月で突然解雇され、その寮から追い出されてしまうケースがしばしば発生する。そこで、解雇された労働者は、大都会のネットカフェに宿泊して次の仕事を探しつつ、日雇い派遣の仕事で糊口をしのいでいるうちに、結局日雇い以外の仕事が見つからず、ホームレス状態が固定化してしまうのである。[11]

しかも、小泉政権は「小さな政府」を標榜したため、社会保障費支出は、障害者や母子家庭などに対してまで抑制され、北九州市門司餓死事件のように、生活保護を打ち切られて餓死してしまったケースまで発生している。[12] 現在の日本では、市場原理主義の貫徹により、充分な貨幣を入手できず、生存の危機にさらされている日本人が、まさに、急増しているのである。

一昔前まで我々は、一人当たりＧＤＰが低下するような国は、アフリカの一部の国などのように、国内で内戦を行い、凄惨な殺し合いを行っているような国だけだと思っていた。

いや、現在の日本は、内戦に等しい状態と見なすことができるのかも知れない。なぜなら、経済的な理由で自殺する者が急増し、年間自殺者数は、〇三年には三万四〇〇〇人を超えているからである。小泉政権下の〇一年から〇六年(一部、森・安倍政権も含む)の六年間の合計自殺者数は、約一九・五万人である。一九九一年から九六年までの六年間の合計自殺者数は約一三・二万人、一九八一年から八六年は約一四万人である。[13]つまり、八〇年代や九〇年代と比べて、六万人前後も多い。しかも、遺書が残されていた〇六年の自殺者のうち、全体の約三割の、そして四〇代と五〇代の男性自殺者の約半分の動機が、失業や生活苦などの「経済・生活問題」であった。まさに彼らこそ、小泉構造改革「内戦」の被害者であると言えよう。

(3) 市場原理主義者は、なぜ人間の安全保障を無視するのか?

このような凄惨な被害をもたらした小泉構造改革の思想的背景は、新自由主義[14]や市場原理主義と、しばしば称される。

では、いったいなぜ、市場原理主義者は、人間の安全保障を侵害してまで、すなわち、人間の命を無視してまで、市場原理を優先させるのであろうか。その思想的な源流は、いったいどこにあるのであろうか。

市場原理主義者がしばしば主張するところによれば、近代経済学の始祖アダム・スミスは、諸個人が私的利益を自由に追求しても、「神の見えざる手」により社会は調和する、と唱えたとされる。

だが結論を先に述べると、スミスは市場原理主義者ではなかった。人間の安全保障を無視し、労働市場における市場原理の貫徹を最初に主張したのは、『人口論』で有名なトマス・ロバート・マルサスであった。マルサスは、環境経済学の始祖と見なされることもあるが[15]、その一方で、市場メカニズムを重視し、スミスの労賃に関する自然価格、すなわち生存賃金を否定し、当時の救貧法改悪の理論的基盤を提供して、十九世紀英国の階級対立を激化せしめた人物でもある[16]。

よって本章では、まず第二節でスミスの自由観と市場観を検討し、続いて第三節で、マルサスの市場観について検討することとする。

2　アダム・スミスの唱えた自由と道徳

(1)　見えざる手と私益―公益転換メカニズム

アダム・スミス(一七二三～九〇年)は、個人が自由に私益を追求しても、神の「見えざる手(invisible hand)」により社会は調和する、と主張したと一般的には受け止められている[17]。だが、「見えざる手」の解釈は必ずしも定まっているわけではなく、竹内靖雄氏によれば、価格メカニズムやパレート最適など、六種類の解釈が可能である[18]。

とは言え、スミス自身は、「見えざる手」という用語を、どのような文脈中において用いているのであろうか。まず、一七七六年に出版された『国富論』の中では、私益追求のための投資行為が、「見えざる手」に導かれて、国内産業を発展させ、社会の利益を増進させることを、指摘している。[19] 一七五九年刊行の『道徳感情論』の中では、資産家が多数の使用人を雇い奢侈品を購入するのは、自らの便宜を図るためだけ、すなわち私益のためであるが、そうした行為は「見えざる手」に導かれて富の再分配をもたらすことを、すなわち公益となることを、指摘している。[20] ゆえに、スミスの本来の意図に沿って解釈するならば、「見えざる手」とは、私益追求の行為が、公益をもたらすメカニズムのことである。

つまりスミスは、もともと結びつけることが不可能なものを、神を持ち出すことによって強引に結びつけたのではない。敬虔なキリスト教徒であるスミスは、現実の社会において存在している現象から、逆に神の存在を類推しているだけなのである。[21]

では、現実の社会において、なぜ自由な私益の追求は、結果として公益の増進に結びつくのか。それは、市場経済のもとでは、全ての個人は、他者に何らかの利益を供給することなしに、自らの私益を入手することはできないからである。このメカニズムは、のちにヘーゲルが『法の哲学』の中で、「欲求の体系」と呼んだものである。[22]

そのメカニズムを、以下のようなモデルで検討してみよう。市場には二名の人間しかおらず、しかも貨幣を使わず物々交換を行うモデルを想定してみる。一人をA氏、もう一人をB氏とする。

A氏の自宅の庭にはブドウの木があり、B氏の自宅の庭にはリンゴの木がある。

ある日、A氏はリンゴを食べたいと思った。しかし、A氏が所有している果物はブドウだけで、リンゴの木はB氏の自宅の庭にある。A氏がリンゴを食べたいという私的な欲望を実現するための方法は、三種類ある。

一つめの方法は、強奪である。勝手にB氏の自宅の庭に入り、勝手に取って来るのである。当然B氏は、自分の所有物であるリンゴを守るため、A氏の勝手な行動を阻止しようとするだろう。A氏が腕力を用いて強奪しようとすれば、B氏も腕力を用いて阻止するだろう。もしB氏の腕力が劣れば、彼は剣を手に取り武装するだろう。その時もし、リンゴを食べたいというA氏の私的な欲望が極めて強ければ、彼も剣を手に取り、武装してB氏を襲うだろう。そしてA氏とB氏は殺し合いになる。つまりA氏が、自らの私的な欲望を、私的な利益を、追求した結果、殺し合いが生じるのである。これが、トマス・ホッブスの懸念した、自然状態における「万人の万人による戦争状態」である。(23)

二つめの方法は、窃盗である。真夜中、B氏が寝入ったすきに、彼の庭に忍び込み、リンゴを盗むのである。この場合は、一度目は成功するかも知れないが、二度目以降はB氏も警戒するので、うまくいかなくなるだろう。寝ずの番をして張り込んでいたB氏に見つかってしまった場合、A氏がリンゴを入手するには、もはや暴力を用いる以外にはない。当然のごとく、B氏もまた暴力で阻止しようとするので、この場合も「万人の万人による戦争状態」が発生する。

こうした「万人の万人による戦争状態」が生じている社会では、人間は、自らの腕力の及ぶ範囲内でしか、自らの欲望を充足させることができない。しかもこうした社会では、どんなに腕力の強い者も、自らの欲望を充分に満たすことはできない。なぜなら、腕力の劣る者は、劣る者同士で連携して強者に挑み、あるいは奸計によって強者を暗殺しようとするからである。ゆえに、こうしたホッブス的な自然社会では、人間の一生は、孤独で、貧しく、残忍で、そのうえ短いのである(24)。

だが幸いにして、人間には第三の方法がある。それが、交換である。A氏は、自分の庭で取れるブドウを持ってB氏のもとへ行き、彼のリンゴと交換してもらうのである。このような交換関係が常態となっている社会が、市場社会である。

しかし、もしB氏がブドウを欲しておらず、ブドウとリンゴの交換を拒否した場合には、A氏はどうすればいいのであろうか。A氏とB氏の二人しかいないモデルでは、A氏はなんとかしてB氏からリンゴを入手しなければならない。だが、スミス的な市場社会では、強奪や窃盗という選択肢は存在しない。なぜならスミスによると、人間は生まれながらに社会的存在だからである。ゆえに一部の犯罪者を除き、まともな人間は皆、「同感（sympathy）の原理」を持っている。「同感の原理」とは、他者の不運や不幸を目にした時に、思わず自分に置き換えて同情し、逆に他者の幸福を目にした時には、それが自分にはいかなる利益ももたらさないにもかかわらず、まるで自分のことのように喜んでしまう心理のことである。そして、他者の身に降りかかった不正義を目にした時には、まるで自分が不正義を受けたかのように怒りを感じる心理のことである。[25]

こうしたスミス的な社会では、詐欺という選択肢もあり得ない。スミスが観察した当時の英国社会では、他者に向かって「嘘つき」と告げるのは、全ての侮辱の中で最も致命的なものであった。なぜなら信用に値しない人間とは、社会から安楽や快適や満足などを引き出しうる資格を喪失した者であり、人間社会からの追放者だからである。ゆえに人間にとって、他者から信じられたいという欲求は、全ての自然的な欲求の中で最も強いものの一つである。[26]社会的存在である人間にとって、信用とはそれだけ重要なものである。ゆえにスミス的な市場社会では、詐欺によって、すなわち相手に被害を与えて、自らの利益を入手することは、まともな人間ならば、あり得ないのである。

ゆえにA氏は、リンゴを食べたいという自らの私的な欲望を満たすためには、B氏と交換という行為を通してリンゴを入手する以外の方法はない。だが、B氏がブドウを欲していない時には、A氏はどうすれば良いのか。そうした時には、ブドウ以外のB氏が欲する物を提供すれば良いのである。

たとえば、B氏が酒好きであったとする。その場合、A氏はブドウを加工し、ブドウ酒を作ってB氏のもとへ行けば良い。B氏は喜んでリンゴとブドウ酒とを交換するだろう。つまり、A氏のリンゴを食べたいという私的な欲望が強ければ強いほど、A氏はB氏の私的な欲望を満たすために、より多くの努力を、この場合はブドウをわざわざ酒に加工するという努力を、しなければならないのである。

よって市場社会においては、私的な欲望が強ければ強いほど、私的利益を追求すればするほど、その結果として、他者の欲望をより多く満たすことになり、他者により多くの利益を与えることになる。個人による自由な私的利益の追求は、その結果として、必ず他者へ利益が提供されるのである。

私見によれば、こうした市場社会における、私的利益の追求が他者への利益提供となるメカニズムこそが、スミスの言う「見えざる手」である。そしてここで重要なのは、私的利益の追求は、必ず市場で行われなければならないという点である。市場以外で私的利益を追求した場合には、他者の利益にも、社会の利益、すなわち公益にも成り得ないからである。

スミスがその例として挙げているのが、穀物に対する輸入制限と輸出奨励金である[27]。輸出奨励金は英国産穀物の表面上の国際競争力を高めるため、国内の穀物生産量を増加させて地主層に利益をもたらす。地主層は、現在の言葉で言うところのレント・シーキングを行っていたのである。レント・シーキング（rentseeking）とは、政府に働きかけて、保護関税、輸入規制、補助金などを獲得することによって、すなわち政治的な手段で、市場以外から利益を引き出す活動のことである[28]。

スミスはこうした自由貿易を阻害する行為を、ほんの一握りの人々以外の誰の利益にもならないとして、厳しく批判している[29]。したがって、スミスが肯定する自由な私的利益の追求とは、市場を通すことによって、他者へ利益を提供するものでなければならないのである。

なお、スミスは公益を目的とする慈善事業を批判していると解釈される場合もあるが[30]、これは誤りである。スミスの慈善事業批判は、公益目的の贈与という行為よりも、私益の獲得を目的とした交換という行為のほうが、他者の利益をより良く実現できる、との文脈で展開されているだけである。『国富論』では、乞食と慈善家の例を挙げている[31]。慈善家が乞食に古着を一着贈与した場合、その古着は、必ずしもその乞食の体格に合うとは限らない。つまり贈与という行為は、必ずしも相手のニーズを満たさないのである。なぜなら贈与をする側は、贈与の見返りに私的利益を得ようとは思っていない。そのため必然的に相手のニーズに対して鈍感となり、しばしば相手のニーズを無視して様々な物を贈与することになるのである。

だがその乞食は、たとえ自分の体には小さすぎて役に立たない古着であっても、文句を言わずに受け取るであろう。なぜならその乞食は、その小さすぎる古着を、別の小柄な乞食が所有する大きめの古着と、つまり自分の体格にちょうど良い大きさの古着と、交換することができるからである。

贈与という行為は、交換という行為と組み合わせることによって、初めて他者のニーズを満たすことができる。逆に、交換が存在せず、贈与だけしかない社会では、どんなに多くの贈与が行われても、贈与を受けた側のニーズは充分には満たされず、贈与された物の多くは無駄となる。公益を主張する者は、自分自身が主張しているほど社会には貢献してはいない、とスミスが指摘するのは、こうした交換と贈与の機能の相違を強調するためである。よってスミスは、後述するマルサスのように、貧困層への慈善事業そのものを中止するべきだ、と主張しているわけではない。[32]

交換と贈与に関するこうしたスミスの卓見は、実に見事である。二十世紀に入って一部の国で成立した、私益の追求を廃して公益の追求を目指したはずの社会主義社会が、結局は公益の増大をもたらし得ず、逆に市民の基本的なニーズさえも満たすことができずに崩壊した理由は、こうした「私益―他益」転換機能を持つ市場経済を廃止したからに他ならない。

よって、交換という機能に基づく市場社会のもとでは、他者へ利益を提供しないかぎり、個人は私的利益を得られない。ゆえに、個人が自由に私益を追求すればするほど、それは結果として、他者へより大きな利益を提供することになる。つまり、より大きな公益となるのである。

（2）道徳人からなる市民社会とセーフティーネット

以上より、「個人が自由に私益を追求しても社会は調和する」との一般的な見解は、間違いではない。だが、のちの経済学者が解釈したような、市場の自生的秩序については、実際にはスミスは主張していない。[33]

市場社会である英国社会では、諸個人が自由に私益を追求したため、より多くの他益＝公益が実現し、その結果、英国社会は非市場社会に比べて遥かに豊かな社会となった。スミスはこの点を、アフリカを引き合いに出して指摘し、市場社会である英国の労働者や農夫は、一万人を支配する非市場社会のアフリカの王侯よりも、物質的により豊かである、と主張している。[34]
つまりスミスは、市場は社会を豊かにするとは述べているが、市場そのものが何らかの秩序を自生的に形成するとは主張していないのである。もっとも、市場による豊かな社会の実現を、秩序の形成と解釈できないことはない。だがそれは、スミスの意図とは異なる解釈と言わざるを得ない。

そもそもスミスが神による秩序を見出そうとしたのは、市場ではなく社会である。なぜならスミスには、道徳を持たない合理的経済人という概念も、社会から分離した市場という概念もないからである。スミスにとって人間とは、「同感の原理」に支えられた道徳感情を持つ道徳人であり、その道徳人によって形成されるのが、市場を内包した社会である。

例えばスミスは、全ての商品には自然価格なるものがあり、市場における価格は、最終的には自然価格に収斂する、と主張した。[35] そして、勤労者の賃金における自然価格とは、生存賃金のことである。[36] スミスは、当時の英国社会を詳細に観察した結果、被雇用者の賃金が生存賃金以下に下がることはない、と指摘した。しかもスミスの言う生存賃金は、勤労者個人の「肉体の再生産費」、すなわち、その者一人が生活できることが可能な額なのではない。「家族の再生産費」、すなわち、子供二人以上を養育して無事に成人させることが可能な額なのである。[37]

もっとも、誰かに雇用されているわけではない独立した自営の職人の場合、不作や凶作などで食料価格が上昇すると、彼が一ヶ月間に得られる賃金は、実質で、生存賃金を下回ってしまう。だがそうした時には、その独立自営職人は、親方のもとで働く従属的な年季職人（journeyman）に、もう一度戻る。[38] そして親方のもとで糊口を凌ぎ、食料価格が低下したあと、再び独立する。つまり独立自営職人は、実質賃金が生存賃金を下回る事態となっても、餓死することはないのである。

ではなぜ、当時の英国では、生存賃金が事実上保障されていたのであろうか。スミスは、国富が増加しつつある時、すなわち経済成長がプラスである時には、賃金は生存賃金を上回り、マイナスの時には下回る、と理解していた。その例として彼は、国富増加中の国としてアメリカを、国富の量が現状維持である国として中国を、国富が減少している国として、毎年数十万人の餓死者を出しているインドを、それぞれ挙げている。[39]

しかし、独立自営職人の実質賃金が生存賃金を下回る時期は景気後退局面のはずであり、経済成長はマイナスであり、国富は減少しているはずである。だがなぜ英国では、インドのように餓死者がでないのであろうか。

また、親方はなぜ、独立自営職人を年季職人として雇用するのであろうか。スミスによれば、食料価格が上昇すると、自営だった者が被雇用者へ戻ろうとするために、つまり労働市場における供給が増加するために、賃金価格が低下する。そのため、親方にとっては今までよりも安い賃金で年季職人を雇用できるようになるため、より多く雇って手工業品の生産を増加させる、ということのようである。

だが、食料価格が上昇すれば、英国内の勤労者全体の実質賃金は低下し、有効需要は低下するはずである。手工業品の需要が国内のみにとどまらず、海外市場の需要がそれなりの比率を占めたとしても、景気後退局面であることは間違いあるまい。そもそも、独立自営職人が生存賃金を得られないような状況下なのである。こうした状況下では、手工業品の売り上げが伸びず、親方のほうも経営や生活が苦しいはずである。にもかかわらず、なぜ親方は彼らを雇用し、彼らの生活費を負担するのであろうか。スミスによれば、たいていの親方は、全く生産しなくとも一、二年間ほどは食べていけるほどの資金を持っているのが普通であった(40)。おそらくは、親方達はその資金を切り崩して、彼らを食べさせたのであろう。では親方達は、他人のために、なぜそこまでするのであろうか。

その理由について、スミスは合理的な説明ができていない。しかしスミスの社会観、人間観は、大陸流の合理論ではなく、英国流の経験論である(41)。大陸合理論とは、全ての物事を合理的に説明しようとし、かつ、合理的に説明できないものを排除しようとする考え方のことである。一方、経験論とは、人間の社会に存在している様々な事柄は、先人達の長年に渡る試行錯誤の積み重ねによって、すなわち先人達の経験の積み重ねによって形成されたものであり、ゆえに、現在の人間が合理的に説明できないことであっても、その存在を尊重しようとする態度のことである。ゆえに、合理的な説明が充分にできなくとも、詳細な観察の結果見出した事実であるため、スミスはそのまま指摘したのであろう。

景気後退局面において、既に独立した自営職人を、もう一度年季職人として親方が再雇用する行為は、市場原理では説明できない。しかしスミスが指摘していることから、こうした行為は、当時の英国社会において一般的だったのであろう。よって、これは一種のセーフティーネットと見なすことができる。こうした社会的セーフティーネットの存在は、おそらく、「同感の原理」に基づく道徳感情の長年に渡る積み重ねによって形成された社会的慣習なのであろう。

このように、スミスは市場と社会とを明確に分離することなく、一体のものとして把握している。市場だけを分離して見るならば、景気後退局面において、市場は上記の職人に対して、生存賃金を提供していない。だが、道徳人によって構成される社会には伝統的なセーフティーネットが存在し、職人の生存は保証される。ゆえにスミスは、一部から誤解をされているような市場原理主義者ではないのである。(42)

以上より、スミス的な自由とは、道徳人による自由であり、スミス的な私益追求とは、市場を通じて他者へ利益を提供し、その見返りとして得られる私益を追求することである。

したがって、このようなスミス的な自由観のもとでは、グローバリズムによって現在の世界で蔓延している雇用破壊や賃金破壊、それに環境破壊(43)といったような、多くの人々に被害を与えるような行為は、道徳人として容認されることはないであろう。

なぜならスミスは、『道徳感情論』の中で、人間には名誉と尊敬の獲得に対する強い欲求があると述べているからである。(44) 人間は社会的存在であるがゆえに、名誉や尊敬は、能力や資産の有無によって決定されるのではない。正しい行為の積み重ねによって獲得されるのである。(45)

二十一世紀の現在、人権保護と環境保全以上に名誉ある善行はあるまい。したがって、名誉を重んじる道徳人によって構成されるスミス的社会ならば、こうした問題も、かなりの程度回避されるであろう。

だが、こうしたスミス的な自由観は、その後、十九世紀に入って大きく後退する。代わって現れるのが、マルサス的な自由観である。

3 ロバート・マルサスの市場秩序《オーダー》と神の命令《オーダー》

(1) 市場原理主義者マルサス

ケンブリッジ大学で数学を学んだトマス・ロバート・マルサス(一七六六〜一八三四年)は、一七九八年に匿名で『人口論』を出版した。彼の最初の著書で、三十二歳の時である。(46) マルサスは同書において、人口は等比数列的に増大するのに対し、食料は等差数列的に増大する、という有名な主張を行った。(47)

具体的な内容を、以下に簡単にまとめておこう。(48) 当時のアメリカ合衆国において、人口は二五年間で倍増した。マルサスはこれを基準にし、食料が豊富な環境では、常に人口は二五年ごとに倍増する、と主張する。これが、等比数列的増加である。ゆえに、当時の英国の人口七〇〇万人は、食料さえ豊富ならば二五年後には一四〇〇万人になる、と仮定する。当時（十八世紀末）の英国の食料生産量は、マルサスによると、七〇〇万人の人口を扶養することはほぼ可能であった。今後、農業部門により多くの労働力を投入して英国内の未耕地を開墾し、既耕地にはさらに多くの施肥をすれば、二五年後には、食料の生産量も七〇〇万人分増加しているかも知れない、とする。その場合、二五年後の英国では、一人当たりで当初（十八世紀末）とほぼ同じ量の、すなわち必要量の食料を得られる。

だが、さらに二五年後、つまり当初の時点から五〇年後には、人口はさらに倍増して二八〇〇万人になる。しかし、食料生産はどうであろうか。最初の二五年間に増加した七〇〇万人分と同量の食料でさえ、次の二五年間で追加生産できると想定するのは、かなり困難である。しかしあえて、食料の追加生産量を、二五年間ごとに七〇〇万人分づつ加えることができると仮定する。これが、等差数列的増加である。この場合、五〇年後の英国の食料生産量は二一〇〇万人分である。必要量より七〇〇万人分足りないことになる。

つまり人口は、七〇〇万人、一四〇〇万人、二八〇〇万人、五六〇〇万人と、二五年ごとに倍増し、一〇〇年後には一億一二〇〇万人になる。ところが食料生産は、七〇〇万人分、一四〇〇万人分、二一〇〇万人分、二八〇〇万人分と、二五年ごとに七〇〇万人分づつ追加されるのみであるので、一〇〇年後の食料生産量はわずか三五〇〇万人分である。したがって、七七〇〇万人分の食料が足りない。

人口問題を英国のみの視点から考察した場合には、移民という解決手段もある。だがマルサスは、そうした反論を封じるためか、すばやく地球全体へと問題を一般化する。世界の人口は、一、二、四、八、一六、三二、六四、一二八、二五六、五一二と等比数列的に増加するが、食料は一、二、三、四、五、六、七、八、九、一〇と等差数列的にしか増加しない。ゆえに二二五年後には、人類と食料との比率は五一二対一〇になり、三〇〇年後には四〇九六対一三になる、と主張する。

もちろん現実の世界では、このような極端な人口数と食料生産量の不均衡は生じ得ない。その理由は、マルサスによれば、「不幸」と「悪徳」によって、人口が食料生産量に等しい水準に抑えられているからである。[49]「悪徳」とは、主として夫婦間以外における性関係を意味するが、これには人口を抑制する効果がある。それで不十分な場合には、疫病や飢饉という「不幸」が強力な一撃を加えて人口と食料を均衡させる。[50]

マルサスの考えでは、人口の増加率が食料生産の増加率より大きいことも、悪徳や不幸によって人口増加が制限されることも、全て神の意志である。彼によると、害悪が世界に存在するのは、絶望を産むためではなく活動を産むためである。人間は安楽な時には怠惰になるが、欠乏に直面した時には勤勉になるものである。ゆえに人間は、害悪に忍従すべきではなく、それを避けることに務めなければならない。それが神の意志である。[51]

では、いかにして人類は、悪徳や不幸を回避すればいいのであろうか。充分な量の食料を増産できれば、問題は解決する。だがマルサスにとっては、人口の増加率が食料生産の増加率を上回るのは神の意志であるため、この前提に従わなくてはならない。英国一国のみを考慮した場合には、外国からの食料輸入により食料供給量を増加させることが可能であるはずだが、マルサスはこれも否定する。彼によると、オランダのような小国の場合には、国民の食料の多くを輸入に頼ることも可能であるが、英国のような大国の場合には、国内輸送費がかさんで輸入穀物は高価格となり、食料を最も必要としている「下層諸階級」の役には立たない[52]。また彼は、自由貿易により国富が増大するとのスミスの主張も否定する。その理由は、第一に、増大する国富は工業製品などであり食料ではないからであり、第二に、工業品の輸出により労働者の名目賃金が上昇しても、食料の供給量はほとんど変化しないため、しばらくのちには食料価格が上昇し、実質賃金は以前の水準に引き戻されるからである[53]。

したがって、マルサスの見解では、悪徳や不幸を回避する方法は、人口の抑制しかない。そしてここで重要なのは、彼にとって、絶え間なく増大する人口とは、事実上、彼の言うところの「下層諸階級」(the lower classes)、すなわち都市労働者だったことである[54]。彼によると、富の偏在は、階級による人口増加率の違いによるものであり、労働者が貧困なのは、子供の数が多すぎるからである[55]。

では、どのようにして労働者階級の人口を抑制すればいいのか。当時牧師を務めていた[56]マルサスにとって、避妊などによる家族計画は容認できるものではなかった[57]。また彼は、早婚には批判的であったが、逆に非婚化に対しても、悪徳を助長するとして批判的であった。[58] よって、残る選択肢は、結婚した上での禁欲しかない。

当時の英国では、中流階級以上は、自分の収入を考慮して、禁欲によって子供の数を一定数に制限していた。だが労働者階級には、それができない者も多くいた。本来ならば、自分の収入で養うことのできない子供は餓死するはずである。しかし一七九五年に決議されたスピーナムランド制と、一七九六年のウィリアム・ヤング法による救貧法の改正により、一定の収入に満たない労働者には扶助金が与えられることになった。[59]

そのためこの救貧法の改正によって、彼の考えでは、労働者階級は急速に増大することになる。労働者数が増加すれば、労働は需要に対して供給過剰となり、賃金は低下する。だが、改正救貧法は低収入の労働者に扶助金を支給し続けるため、賃金が低下したにもかかわらず、労働者は多くの子供を産み続けることができるようになり、労働者数はさらに増加する。その数はすぐ近い将来において、食料生産量を上回り、絶対的な食料不足が生じてしまう。よって、九六年の救貧法の改正は善意に基づくものであっても、実際には社会を窮地に追い込む悪法である。

こうした考えに基づき、マルサスは九六年改正救貧法を批判し撤廃を主張した。[60] そしてこれこそが、彼が『人口論』を執筆した目的であった。

フランス革命の余波は当時の英国にも及び、改革の気運も高まっていた。[61] そうした社会的背景を考慮するならば、労働者階級の増加に対する彼の危機意識も、ある程度は理解できる。だが、もし九六年改正救貧法が廃止されたならば、失業者などの貧困層は、果たしてどのようにして生き延びればいいのであろうか。

それに対するマルサスの回答は、明快である。餓死すればいいのである。いや、より正確には、餓死すべきである、と彼は考えていた。なぜなら、ある人間が欠乏によって苦悩しなければならないのは、不可避的な自然法則だからである。そしてそのある人間とは、大きくなりすぎた家族の成員であり、その者には他者の剰余生産物の一部を要求する権利はない、とマルサスは主張しているからである。[62]

そしてさらに『人口論』の第二版では、社会が彼の労働力を必要としないならば、その者はわずかな食料さえも主張する権利を持っておらず、自然の力は彼に立ち去るように言っている、と主張している。[63] つまり、市場から賃金を得られない労働者は、市場から退出すべきである、ということであり、その意味するところは、失業者は餓死すべきである、ということなのである。マルサスにとって、神とは自然から推論されるものであり、[64] 自然の法とは神の法であった。[65] よって彼は、自然現象や社会現象を観察し、そこから見出した秩序（order）を、神の命令（order）だと捉えていたのである。

（2）キリスト教原理主義者マルサス

もっとも、人為的ではなく自生的に形成された社会秩序を神の命令と捉える見方は、実はアダム・スミスにも見られたことである。スミスは一七六四年から六六年にかけて大陸旅行を行うが、その折、パリでケネーなどのフランス重農主義者らと親交を結んだ(66)。そしてその重農主義者にとっては、自然的秩序とは神自らが宇宙に与えた制度であり、社会秩序は神聖な自然法を保持しているのである(67)。

この影響を受けたスミスも、社会秩序を、人間理性の考察が及ばないそれ自身の法則を持った統一体として、すなわち神の命令として受け止めていた(68)。しかしスミスは、社会を詳細に観察し、全ての社会現象を真摯に受け入れた。人間の自然な善意や道徳感情も、全て神の意志によって人間に与えられたものであり、ゆえに善意に基づく行動は肯定されるべきものであり、それこそが神の教える隣人愛であった(69)。

だがマルサスの社会観は、『人口論』の執筆の背景に階級的危機意識があったこともあろうが、スミスに比べて極めて恣意的であり、貧困層に対する強い憎悪を認めざるを得ない。なぜなら、マルサスは慈善家による貧困層への慈善活動さえも激しく批判したからである(70)。

貧困層に対するこうした激しい憎悪の背景には、彼の厳しすぎる性倫理観があると考えざるを得ない。彼は牧師だったこともあり、性に関して極めて厳しい倫理観を持っていた。彼にとっては、非婚や避妊をはじめ、婚前交渉や配偶者以外との性関係など、性に関する多くの事柄が悪徳であった。前述のように彼は、禁欲によって子供の数を制限すべきだと考えていた。しかし労働者の家庭には子供が多い。彼はこれを、労働者は、とりわけ子沢山の貧困層は、禁欲ができずに早婚し、その結果として子供の数が増えた、と考えたのである。つまり彼の思考様式のもとでは、増えすぎた貧困層の子供達とは、神の明白な命令である禁欲を破り、過度の性交、すなわち悪徳によって生まれた存在であり、それゆえに悪徳の産物なのである。

そして、第二版以降では、さらに性倫理の重要性が強調される。その彼の主張をまとめると、以下のようになる。(71)

人間が地に満ちることは、神の命令である。ゆえに、人間には強力な繁殖能力が備わっており、それが人口の等比数列的な増大をもたらす。性行為の目的は地に満ちることであるため、出産に結びつかない性行為は許されない。しかし、子供を養う資力がない状態での出産は、本人（夫婦）と子供、さらには社会全体に対し、窮乏とそれによって引き起こされる苦痛をもたらす。窮乏状態は様々な悪徳行為の温床となる。よって、子供を養う資力ができるまでは、純潔を守って結婚を控えなければならない。結婚してからも、禁欲によって、資力の範囲内に収まるように子供の数を調整しなければならない。つまり、神が与えた性本能を、同じく神が与えた理性によって規制する。全ての人間がこれに成功したならば、人類は悪徳に染まることなく地に満ちることができる。これこそが、神の命令である。この神の命令を守って道徳的な生き方を貫くのは、決して容易なことではない。しかし、人間が抵抗しがたいほど強力な無数の誘惑に囲まれていることは、聖書に記されているように、自明のことである。したがって、こうした強力な誘惑に打ち勝ち、禁欲的な生活を送ることこそが、神の命令に従う宗教的に正しい生き方なのである。ゆえに、神の命令に背いた者、すなわち、誘惑に負けて禁欲することができず、養えない子供を作った者は、神の罰を受けなければならないはずである。

このように、マルサスの考え方は、彼自身による聖書解釈に基づいており、その点においては論理的整合性がある。とは言え彼は、社会にとって幼児はほとんど価値がない、と述べるなど、やはり彼には、人格的な歪みがあると考えざるを得ない。(72)

こうした彼の歪んだ思考のもとでは、貧困層や失業者は、神の命令に背くことによって生まれた悪徳の産物である。そうである以上、彼らは、本来は存在すること自体が許されないはずである。このマルサスの考えにちょうど合致したのが、市場秩序であった。ゆえにマルサスは、人間の善意に基づく慈善活動を誤ったものとして退け、スミスが観察した前述の社会的セーフティーネットを無視し、自然状態の、すなわち自生的な市場秩序を、神の命令《オーダー》と見なした。市場の自生的秩序《オーダー》を神の命令として、つまり、社会秩序ではなく、市場秩序を神聖不可侵のものとして捉え、人間の道徳感情を一切排除して、労働市場において市場原理を徹底的に貫徹させるべきであると主張した。救貧法や慈善事業を、実際には悪徳を助長しているものとして、その撤廃を主張した点には、彼の市場原理主義者としての側面が色濃く反映されていると言えよう。

なお、マルサスは穀物の輸入自由化に反対し、自由貿易を主張するリカードと論争を展開したため、保護貿易論者と見なされることがあるが、食料の安全保障の観点から、穀物貿易を市場原理適用の例外と見なしただけである。(73) 国家の安全保障に関わる問題については、例外的に自由の

制限が認められるべきであるとの考え方は、海運業の自由を制限する航海条例を肯定したスミスにも見られることである。(74)

同じ敬虔なキリスト教徒とは言え、スミスとマルサスでは、人間観が大きく異なり、それが主張の相違の背景にある。スミスは例え話の中でしばしば乞食を登場させるが、その乞食は、真の幸福という点では国王とまったく変わらない同水準の人間である。(75) また、一見全く異なるように見える学者と労働者も、生まれた時から幼児期までは、ほとんど差を見出し得ない。その後の教育と人生の積み重ね、それに、自分は他人より優れた人間であるという学者の虚栄心とにより、外見が異なって見えるだけである、と主張する。(76) こうした数々の指摘からは、スミスの人間愛、あるいは隣人愛がいかに強いものであったかが、明らかである。(77)

それに対しマルサスは、悪に染まりやすい本性や肉欲を生まれながらに持つのが、アダムの子孫たる人間の原罪であり、この原罪は神の怒りと刑罰の対象となる、という英国国教会の見解(三十九信仰箇条第九条)を支持していた。(78) そのため彼は、性倫理を過度に重視することになり、貧困層を悪徳の産物と見なし、敵視したのである。

つまりスミスとマルサスの相違は、隣人愛と原罪のどちらをより重視するかによって生じたものであると言える。スミスは隣人愛に重きを置いたがゆえに、市場と社会とを一体のものとして捉え、道徳人からなる社会秩序を重視することとなった。一方マルサスは、原罪を重視したがゆえに、禁欲が不充分である貧困層には神の罰が下されるべきだと考え、労働市場における市場原理を、神の命令であると捉えることになったのである。
このような、労働市場における市場原理の貫徹を神の命令とみなしたマルサスの主張は、当時の英国社会で賛否両論を巻き起こした。だがついに、マルサスが死去した一八三四年に、彼の長年に渡る主張は実現し、救貧法は改悪された。[79] しかしそれによって英国の貧困層は大きな経済的困難に直面し、階級対立が激化した。そうした時期に、スラム街の悲惨な現状を白日の下にさらしたのが、『イギリスにおける労働者階級の状態』(一八四五年)を執筆したフリードリッヒ・エンゲルスであり、そうした現状を打開しようとしたのがカール・マルクスであった。[80]
つまり、マルサスが理論的に指導することによって実現した市場原理主義社会が、マルクス主義を誕生させ、その台頭を生み出したのである。

4　結論

(1) 巨大な絶滅収容所《アウシュヴィッツ》としての市場原理主義社会

以上より、スミスは道徳や公益を無視した私利私欲の追求を肯定していたわけではなかった。他者への思いやりやいたわりといった人間的な感情、すなわち、同感の原理を重視し、道徳人によって構成される社会と、道徳人による自由を想定していた。

それに対しマルサスは、人間の善意や道徳感情を退け、社会秩序ではなく自生的市場秩序を重視した点で、市場原理主義者であった。同時にまた、キリスト教の教義の一つである原罪を極度に重視し、逆に隣人愛については極度に軽視した点で、キリスト教原理主義者でもあった。

マルサスは、当時の英国内の貧困層を、神の命令に背いた者達と捉え、ゆえに貧困層に対し、餓死すべしと主張したが、現代の市場原理主義者も、彼のように明確に言葉にしないだけで、実際には同様の思想の持ち主であると、考えざるを得ない。

なお、アメリカのキリスト教原理主義者は、二十世紀前半に大きな勢力を誇っていたが、その後いったん衰退し、一九七〇年代以降は、より一般に受け入れられる政治勢力として「宗教右派」へと衣替えをした。そして、そのプロテスタント系の宗教右派が、現在、アメリカの成人人口の四分の一を占めている。(81) ゆえに、大統領や国会議員、それに候補者達は、自分の選挙の票固めをするためには、とりわけ保守系の政治家は、原理主義的な言動を取らなければならないのである。

現在の世界では、こうしたキリスト教原理主義に基づく市場原理主義が、市場の自生的秩序《オーダー》を神の命令《オーダー》として、つまり市場秩序のみを神聖不可侵のものとして捉え、人間の道徳感情を一切排除して、市場原理を徹底的に貫徹させることが、アメリカが中心となって押し進めているグローバリズムの名の下に、推進されている。このままでは、全世界の貧困層が、餓死に追い込まれかねない。

だがその一方で、自由化やグローバリゼーションによって豊かになった国もある、との主張もあるだろう。例えば、近年急速な経済成長を遂げているインドの場合、今では世界で四番目にビリオネア（一〇億ドル以上の資産を持つ者）が多い国となっている。しかしその一方で、十一億人強の国民の七七％が、一日五〇セント以下で暮らす貧困層であり、一九九七年から二〇〇五年までの間に、十五万人の農民が生活苦から自殺している。(82)

市場原理主義社会では、現在の日本における「格差社会」化や貧困層の増大を見れば一目瞭然のように、かつては中流階級であった者達が、次々に貧困層に、さらにはホームレスへと転落する。働いているにもかかわらず生活保護水準以下の状態をワーキング・プアと呼ぶが、日本の全勤労世帯に占めるワーキング・プア世帯の比率は、一九九七年の一四・四％から、二〇〇二年には一八・七％へと急増している。(83)

ワーキング・プアの者のうち、非正規雇用の者は、病気や怪我、年齢の上昇、景気の後退などによって充分な仕事を得られなくなり、それにより家賃の支払いが滞り、ネットカフェ難民や路上生活者へと転落する。正規雇用であっても、長時間労働などの影響で体を壊すと解雇され、中小企業の場合は倒産によって失業する事例も少なくない。

厚生労働省による二〇〇七年の調査によると、路上生活者の約五割は前職が建設業関係であり、前職の雇用形態は正社員が四三％で日雇いが二六％、路上生活にいたった理由は、仕事の減少が三一％、倒産・失業が二七％、病気・怪我・高齢による仕事の喪失が二一％である。(84)

また、絶対数は多くはないのかも知れないが、リストラされた大企業の元エリートサラリーマン達が、中小企業の正社員として再就職したものの、二度目のリストラで非正規雇用へ転落し、病気などが原因でその仕事も失ってホームレスとなる事例も、報告されている。[85]

確かに、年齢が上昇するにしたがい再就職は困難となるし、非正規雇用の仕事も同様である。しかも、全く病気や怪我をしない人間はいないため、非正規雇用の勤労者で、親戚などからの経済的支援を受けられない者は、疾病や怪我などを契機に、遅かれ早かれ、必ずホームレスに転落することになる。なぜなら現在の日本では、厚生労働省の支出抑制策と自治体の財政難のため、政党や団体等のサポートがないかぎり、個人で生活保護を申請しようとしても、門前払いされてしまうからである。[86]

また、「経済・生活問題」を理由に自殺する者は、遺書を残した男性自殺者のうち、二〇代が約二割、三〇代が三割強、四〇代と五〇代が約半分である。[87] つまり、生存に必要な貨幣を市場から引き出す能力は、年齢の上昇と共に低下していくため、年齢の上昇にしたがい経済苦による自殺率が上昇する。

例えば、大手のある人材派遣会社は、派遣先企業の要望に応えるために、登録労働者を、容姿の良し悪しなどと共に、老けているか否かという基準でも分類していた。[88]

現在二〇代の者も、当然のことだが、十年後には皆三〇代となる。つまり、二〇代、三〇代、四〇代と年齢が上昇するにしたがい、自らには何の非がなくとも、日雇い派遣の仕事すら、充分に入手できなくなってしまうのである。

前述のように、男性労働者に占める非正規雇用の割合は、現在二割弱もおり、その数は五〇〇万人を超えている。さらに、男女の合計では一七三二万人に達するが、そのうち、二五歳から五四歳までの非農林業で、非正規雇用の単身世帯は二一％である。[89]

したがって、この数百万人にものぼる非正規雇用の単身者は、現在のような市場原理主義社会が長期間に渡って続いた場合、最終的にはホームレスになって路上で野垂れ死にするか、その前に自殺することになるだろう。

また、現在の国民健康保険は、自治体によってある程度の幅はあるものの、ワーキングプアでも年間数十万円も請求されるなど、非常に高額であるため、保険料を払いきれず、保険証を失ってしまう者もいる。そのため、統計的には現れないが、病気となっても保険証や医療費がないため治療を受けられず、本来なら助かるはずの病気で若くして死亡してしまうケースが、今後はさらに増加するであろう。

幸いなことに、二〇〇七年に安倍政権が導入を検討していたホワイトカラー・エグゼンプション（white collar exemption）は、野党や世論の反対で頓挫した。もし経団連の当初の計画通り、[90]年収四〇〇万円以上の正社員に対してこの制度が適用されたならば、企業は残業代なしで、ほとんどの正社員を、長時間に渡って無制限に残業させることができるようになっていた。その上、過労死も自己責任で片付けられ、[91]労災保険料を企業が負担せずにすむようになっていた。つまり企業は、合法的に社員の生命や健康を踏みにじることが可能となり、それにより、より少ない人件費で、より多くの労働力を社員から引き出すことによって、より多くの利潤を得ることが可能になっていたのである。

なお、既に現時点で、日本企業は多くの労働者を正規雇用から非正規雇用へ転換し、かつ、正規雇用の者には長時間の違法なサービス残業を強いることによって、利潤率を高めている。そうして得た利潤の多くは、高株価を実現するために株主へ配当している。そして二〇〇六年度末の時点で、上場企業の株式の約三割を、外資が取得している。[92]つまり、日本人労働者から搾り取った利潤の三割が、海外へ流出しているのである。

既に現状でも、長時間労働による過労死や過労自殺、それに過労による鬱病患者の増加が生じている。二〇〇一年から〇五年までの五年間の過労死申請数は、約四〇〇〇件であり、一九九一年から九五年までの五年間と比較すると、約七割も増加している。さらに、精神疾患の申請数は、約六〇倍に急増している。[93]こうした現実を考慮するならば、ホワイトカラー・エグゼンプションの導入は、最終的には、全ての日本人の正社員を、長時間労働による過労によって、死か、疾病による解雇へと、追い込むことになっていたであろう。そして、いったん解雇されたあとに得られるのは、現在の日本では、ほとんどの場合、非正規雇用の仕事だけである。

こうした市場原理主義社会は、ナチス・ドイツがユダヤ人を強制収容したアウシュヴィッツなどの絶滅収容所と、まさに、同じ構造である。

絶滅収容所とは、ガス室の設置されていた強制収容所のことである。[94]そうした収容所に強制収容されたユダヤ人のうち、老人や子供、けが人や病人などの働けない者達は、すぐさまガス室に送り込まれて虐殺された。働く能力のある成年男女は強制労働を強いられたが、過酷すぎる労働と貧弱な食事により、次々に体を壊して労働不能となった。するとすぐさま、ガス室送りにされて抹殺された。劣悪な労働環境と栄養状態のため、どんなに肉体的に頑強な者も、遅かれ早かれ、最終的には健康を害してガス室送りにされてしまう。

もし、ナチス・ドイツが連合国に敗北せず、ナチスのヨーロッパ支配が長期間に渡って持続したならば、ヨーロッパの全てのユダヤ人はガス室送りにされて絶滅していた。

市場原理主義社会とは、このナチスの絶滅収容所と、原理的には全く同じ構造である。ナチスはヨーロッパからユダヤ人を根絶しようとしたが、もし日本が完璧な市場原理主義社会と化したならば、将来的には日本人が根絶されてしまう。

実際、現在の少子化がこのまま続けば、最終的には日本人は消滅してしまう。既に日本人の人口は、二〇〇五年から三年連続で減少している。(95) そして現在における少子化の大きな原因が、結婚適齢期の男性の貧困である。三〇歳から三四歳の男性の有配偶率は、年収が六〇〇万円台の者は約八割であるが、二〇〇万円台の者は約四割であり、一五〇万円未満の者は三割を切ってしまう。(96) 一般論としては、結婚しなければ子供は作れない。また、男性の年収が一五〇万円未満では、結婚しても、子供を作り育てることは、困難である。

よって、現状がこのまま続いたならば、短期的には、数年以内に数百万人の非正規雇用者が命の危機にさらされ、長期的には、人口減少が進んで、日本人は、市場原理主義によって地上から根絶されてしまうことになる。

（2）市場原理主義社会も縁故社会《クローニー》

では、市場原理主義社会は、あるいは、アメリカが推進するグローバリズムは、全ての労働者を酷使したあげくに使い捨てにして、死に追い込んでしまうのであろうか。もちろん、原理的にはそうなるはずである。だが、人間の世界では、必ず例外が存在する。前述のように、マルサスは、食料の安全保障の名の下に、穀物は自由貿易の例外として保護することを主張したが、それは、彼の出身階級が、地主層だったからである。[97]他者には市場原理を押しつけて餓死すべしと主張しておきながら、自分達の利益に関わる問題については、市場原理の適用外としてしまう。あまりにもご都合主義的で利己主義的であるが、キリスト教原理主義者にとっては、正しい信仰を守っている自分達が神の罰を受けるはずはないので、彼らにとっては、そうした例外処置は当然のことである。

マルサスだけではない。現代のアメリカもまた同様である。既に周知のように、一九九〇年代以降日本で進んだ各種の自由化や規制緩和が、日米包括協議などによるアメリカの要求に沿ったものであり、小泉政権の構造改革は、「日米投資イニシアティブ」に基づくものである。[98]このように、日本に多くの規制緩和を要求しているにもかかわらず、アメリカにはエクソン・フロリオ条項という、安全保障の観点から、外国企業によるアメリカ企業の買収を制限する法律がある。

その制限分野は、航空、通信、海運、発電、銀行、保険、不動産、地下資源、国防の九分野である。言うまでもなく、銀行業や保険業などは、アメリカが日本に解放を要求している分野である。しかも、このような非対称性のみだけではなく、保険業界における規制緩和では、既にアメリカ企業がシェアを伸ばしていた、ガン保険などのいわゆる「第三分野」に関しては、アメリカ企業のシェアが充分に拡大するまで、何と六年間に渡って、日本の大手企業や簡易保険の進出が禁止されていた。(99)つまり、規制緩和や自由化の名の下に、実際には、新たな規制が、しかも、アメリカ企業を守るための規制が、日本国内で作られていたのである。

日本政府が、外国企業の利益のために、規制によって、日本企業を日本市場から排除するなどというのは、言語道断である。このような、規制などによって不正な利益を得る行為は、社会全体の富を減少させるものであり、前述したレント・シーキングである。アメリカ企業が、アメリカ政府だけではなく、日本政府に対してもレント・シーキングが可能であるのは、両者の間に何らかの縁故関係が形成されているからである。こうした、政治家や高級官僚などの権力者との縁故関係がなければ、経済的成功や資産形成ができない資本主義社会のことを、クローニー資本主義(crony capitalism 縁故資本主義)と呼ぶ。一般的には、途上国になればなるほどクローニー度が増すが、先進国においても一定程度存在する。

現在の日本では、市場原理主義の貫徹により、少数の富裕な「勝ち組」と、貧困層に転落する大多数の「負け組」に両極化しつつある。当然のごとく、「負け組」となるのはクローニーな関係を有していない者ばかりである。一方、「勝ち組」の中には、クローニーな関係を有している者が多数存在するのは、言うまでもない。しかも、そうした「勝ち組」の中においても、長期的には、クローニー関係のない者は、ある者との競争に敗れ、「負け組」に転落してしまう。結局、クローニー関係のある者しか、「勝ち組」として生き残れない。

ではいったい、日本政府とアメリカ企業との間には、どのような縁故関係が存在するのであろうか。例えば、旧長銀を極めて有利な条件で買収したリップルウッドを率いるコリンズは、当時の小渕恵三総理がホワイトハウスを訪問した時に、晩餐会で同席している。つまり、アメリカ政府との間に強いクローニー関係があった。さらに、コリンズが日本滞在中に通っていた教会には、当時のアメリカ駐日大使の他、日本側の大物としては、当時の速水優日銀総裁と越智通雄金融再生担当大臣も通っていた(100)。

こうした点から、日本政府がアメリカ企業に各種のレント・シーキングを提供する背景に、キリスト教人脈があることを、本山美彦京大名誉教授は強調している(101)。

キリスト教原理主義者、ないしは、アメリカのプロテスタント系宗教右派が、宗教的理念に基づいて、全世界に市場原理を貫徹させようとする。その一方で、その推進者である宗教右派、及び彼らと縁故関係を持つ者は、自分に有利な規制や取引などを勝ち取り、絶滅収容所と同じ機能を持つ市場原理主義社会から、事実上脱出できる。このような状況が長期間全世界で続けば、キリスト教原理主義者以外は、全て、市場原理主義社会によって根絶されてしまう。異教徒、異宗派、無神論者、それに不信心者達は全て根絶やしにされ、地上に存在するのは、キリスト教原理主義者だけとなる。しばしば耳にする、市場原理が貫徹すれば全てうまくいくとの主張は、結局、全ての人々にとってうまくいくということではなく、キリスト教原理主義者達にとって、うまくいくということだったのである。

こうした、グローバリズムの本質に気づいたからこそ、カトリックが多数を占める中南米諸国は、次々に反米左派政権となったのであり、イスラム原理主義テロリストは、アメリカを、そしてグローバリズムの象徴である世界貿易センタービルを、テロ攻撃したのである。

（3）唯一の有効な解決策としての修正資本主義

市場原理主義社会は、多くの人々を死に追い込む点で、絶滅収容所と同質である。では我々は、市場原理主義社会を、どのような社会に転換すればよいのであろうか。

歴史的には、市場原理主義に対抗したのは、三つしかない。一つが、マルクス主義に基づいた共産主義ないしは社会主義であり、二つ目が、イタリアのファシズムやドイツのナチズムなどの民族主義である。そして三つ目が、国家が富の再配分を行い、国民のセーフティーネットを構築する修正資本主義である。

市場原理主義は、市民社会や、かつては強固に存在した農村共同体や都市共同体を破壊し、人々を原子的なバラバラな個人へと分断した上で、路上に追いやり、死に至らしめる。ゆえに、共産主義は共産主義的な新しい共同体を、民族主義は民族共同体を構想し、市場原理主義に対抗した。

しかし周知の通り、この二者を採用した社会は、いずれも崩壊した。共産国では、地主や資本家を大量虐殺しただけではなく、全く何の罪もない多くの国民を餓死させたあげく、結局、生産力が低下し、経済的に崩壊した。ナチズムは、ドイツ民族の利益を確保するためにヨーロッパ中を侵略したあげく、彼らが妄想した人種ヒエラルキーの最底辺に位置づけたユダヤ人を六〇〇万人も虐殺した。

市場原理主義が、いわゆる「負け組」である貧困層を絶滅に追い込もうとしたのに対し、共産主義は、資本家や地主などの「勝ち組」であった階級を絶滅させ、代わりに官僚達が「勝ち組」の座に着いた。一方、民族主義は、「負け組」を、ユダヤ人などの自民族の外部へと移転させ、絶滅させせようとした。いずれも人道的に到底容認できないだけでなく、そのような社会が全ての人々にとって暗黒の社会であったことは、二十一世紀の現在では、明白である。

よって、歴史的に成功し、人道的に正しく、その上諸外国にも迷惑をかけることのない、ゆえに、事実上唯一の解決策と言えるのが、修正資本主義である。アメリカでは、大恐慌後の一九三〇年代から一九六〇年代頃まで、日本では、戦後から一九八〇年代まで、積極的に推進され、大きな成果を挙げた。アメリカでは、一九七〇年代以降、市場原理主義を主張して修正資本主義を批判する声が強まったが、七〇年代にアメリカ経済が停滞したのは、修正資本主義の欠陥によるものではない。長期に渡る泥沼のベトナム戦争による巨額の財政負担と、それによって余儀なくされた、ドルと金の交換を一方的に停止したニクソン・ショック（一九七一年）、それに、一気に価格が跳ね上がったオイル・ショック（一九七三年）などの影響が大きい。一方、一九九〇年代の日本経済が停滞したのは、既に多くのまともな経済学者によって度々指摘されているように、一九九四年に一ドル一〇〇円を割り込み、九五年には八〇円を割り込むまでにもなった異常な円高と、日銀が貨幣流通量を減少させすぎたことによって生じたデフレによるもの、つまり円高不況とデフレ不況によるものであり、日本の経済や社会の「構造」は、全く関係がない[102]。市場原理主義の推進者は、宗教的信念に基づくキリスト教原理主義者であるため、ありとあらゆる機会を捉えて、修正資本主義を攻撃しているだけなのである。

なお、イスラム共同体の再建を目指すイスラム原理主義も、市場原理主義に対抗する思想や運動として捉えることができるであろう。だが、アフガニスタンのタリバン政権を見る限りでは、イスラム原理主義社会は、イスラム教徒にも、決して幸福をもたらすとは思えない。よって、我々が選択すべき最良のシステムは、修正資本主義以外にはない。

（4）修正資本主義の欠陥の克服

以上より、日本の社会経済システムは、一九八〇年代までは、国家が富の再配分を行い、国民のセーフティーネットを構築する修正資本主義であり、多少の欠陥も当然あったものの、全体としては、国民の大部分が中流意識を持てる、充分に良いシステムであった。
では、構造改革という名の市場原理主義を推進した小泉政権に対し、国民はなぜあんなにも高い期待を寄せたのか。それは、小泉純一郎総理が「自民党をぶっ壊す」と主張したからである。多くの国民は、この言葉を受けて、小泉政権が推進する構造改革が、クローニー（縁故）政治の打破だと捉えたのである。

修正資本主義では、国家が、富を再配分する。富裕層から貧困層へ、税収の多い都市部から少ない農村部へ、などである。そして、地方への再配分の手法として、歴代自民党政権が積極的に用いたのが、道路建設を中心とする公共事業である。言うまでもなく、こうした公共事業は、自民党の有力議員や、大臣となった議員の選挙区に、優先的かつ集中的に行われた。つまり、歴代自民党政権による富の再配分は、クローニーな関係によって金額や優先順位が変動する不公正なものだったのである。

とりわけ、一九九〇年代の長期不況期には、民間企業に属する多くの国民は、収入が停滞ないしは減少するなど、経済的な問題に強い不満を持っていた。そうした中で、景気対策として、多額の税金が地方の公共事業に投入された。それにより、地方経済がある程度下支えされ、経済政策としては正しかったのだが、その一方で、金回りが良くなりすぎた建設会社の経営者達や、彼らから政治献金を受けている政治家に対して、不公正を憎む国民の怒りが鬱積していった。そうした時に登場したのが、小泉総理だったのである。

だが、小泉政権が推進した市場原理主義社会もまた、クローニー社会であった。しかも、日本企業よりもアメリカ企業を優先するような、売国的なクローニー政治が展開した。よって我々は、社会経済システムとしては市場原理主義ではなく、修正資本主義を再選択した上で、従来の自民党的修正資本主義の諸欠陥を克服しなければならない。

具体的には、まず第一に、再配分に関してクローニーな関係が反映されないように、国会議員や中央の高級官僚が、個々の再配分に介入できないシステムを構築する必要がある。そのためには、目的を限定せずに、最初から一定額を、地方の自治体に公正に配分しておくことが望ましい。そうすれば、各自治体は、公共事業だけでなく、教育や医療、それに福祉や環境保全などにも予算を重点的に配分できるため、現在のような道路の建設しすぎも防げる。しばらく前から盛んとなっている地方分権論は、こうした視点からは、望ましいと言えよう。

第二に改善すべきなのは、いわゆる「政治とカネ」と呼ばれる、政治家と企業関係者とのクローニーな関係である。これについては、政治資金に関する規制をさらに強化すればよい。それに、民主主義国家である日本では、問題のある政治家は、有権者が選挙で落選させることができるのである。

第三に改善すべきなのは、官僚と企業関係者らとのクローニーな関係である。一九九八年に、銀行のＭＯＦ担（大蔵省担当）と呼ばれる行員が、大蔵官僚らに風俗店接待をしていることが明らかとなり、大きな問題となったことは、まだ記憶に新しい。中央官僚のトップである事務次官経験者が逮捕された事件としては、一九九六年の厚生省前事務次官の特養ホーム汚職事件、二〇〇七年には防衛省前事務次官の防衛装備品をめぐる収賄事件などが、社会に衝撃を与えた。これら以外にも、官僚による各種の不祥事や、クローニーな関係にある企業や団体に対する業務などの発注と、その見返りとしての接待や天下りなどは、マスコミに報道されたものだけでも、数え切れない。

こうした問題が頻発する最大の理由は、官僚の不正を取り締まる、独立した強力な官僚取締専門機関がないからである。そうした機関を設置し、接待を受けた官僚をこまめに摘発し、接待を一度受けただけでも停職処分にするなどの厳しい罰を与えれば、重大な汚職事件の発生を未然に防げる上に、官僚と企業関係者らとのクローニーな関係も打破できる。

(5) 官僚による経済破壊の阻止と総中流社会の再建

なお、日本の市場原理主義者などがしばしば指摘するものとして、財政赤字の問題や長期不況の問題がある。しかしこの二つの問題は、実は、全く問題ではない。財政赤字が巨額となってしまったのは、政府予算のうち毎年三〇兆円前後を国債によって賄っていたからである。この三〇兆円前後を、国債発行ではなく、紙幣を増刷して賄えば、財政赤字は生じない。現在は金本位制の時代ではない。紙幣を毎年増刷し続けても、全く問題は生じない。なお、ハイパー・インフレ論などというものが流布されているが、全くのデタラメである。[103] 国内総生産の数%程度の紙幣を増刷しただけで、どうしてハイパー・インフレが生じるのか。

三〇兆円前後の国債発行は、国内総生産の約六％に相当する金額であるため、現在のデフレ傾向も考慮すると、三～五％程度の適切なインフレとなる。その緩やかなインフレは消費を刺激し、企業の売り上げが増加、それにより失業率も改善される。戦後の日本では、インフレ率が二％以上の時は失業率が三％以下に下がり、インフレ率が四％以上になると、失業率は二％から二・五％程度となる[104]。つまり、インフレ率と失業率は、トレード・オフの関係にある。九〇年代以降の日本で失業率が五％を超える深刻な不況となってしまった原因の一つは、デフレにある。そして、インフレもデフレも貨幣的現象であるので、貨幣の流通量を増加させれば、デフレは容易に克服できる。

なお、年に数％程度の緩やかなインフレを維持する政策を、インフレ目標政策や、リフレーション（略してリフレ）政策と呼ぶ。現在では、日本以外の主要国の多くはこの政策を導入しており、アメリカの中央銀行であるＦＲＢ（連邦準備銀行）は三％のインフレを目標にしている[105]。ちなみに、年率三・六％のインフレを維持し続ければ、利払いだけで元本を一切返済していなくとも、二〇年後には借金の額は実質で半分となる。年率二・四％なら三〇年後だが、年率七・二％なら一〇年後に実質で半分となる。国や自治体の借金、企業が受けた融資、それにサラリーマンのマイホームローンまで、全て実質で半分となる。だからこそ、インフレ目標政策を実施すると、ローンを組んで住宅や自動車などを購入する者が増え、消費が活発化するのである。逆にデフレの状態では、これとは正反対の現象が生じる。利払いだけで元本を返済していないと、実質の借金の額は逆に増加してしまう。二〇〇七年に夕張市が財政再建団体となったケースは全国に衝撃を与えたが、多くの地方自治体の財政悪化は、インフレ目標政策を導入すれば防げるものである。

ではなぜ、金融政策を担う財務省や日銀は、九〇年代以降デフレを克服しなかったのか。日銀官僚が無能であるからとの説も、しばしば耳にする。例えば、ベン・バーナンキ（二〇〇六年にFRBの議長に就任）が、二〇〇二年に日銀の議事録を調べ、「一人を除いてみんなジャンク（くず）だ！」と辛辣な批判をしたことは、有名である。[106] 日銀総裁も含めて九名いる政策審議委員のうち、経済学の基本的な理論に合致した主張をしていたのは、なんと、一人だけだったのである。

このように、経済学の基本的な理論から見て明らかに誤っている政策を、しかも長期間に渡って実行してデフレを持続させ、その結果として国民経済を疲弊させてしまうケースは、実は、途上国では、しばしば起こることである。[107]

その理由は、途上国の経済・金融政策担当者が無能だからではない。政策を担当する高級官僚達にとっては、デフレのほうがメリットがあるからである。なぜなら、高級官僚は公務員だからである。

デフレ時には物価が下落するが、公務員の給料は基本的には下がらない。そのため、公務員の実質可処分所得が増加する。つまり、以前よりも、より良い商品をより多く購入できるようになり、生活水準が上昇する。

逆に、インフレ時には物価が上昇するが、前述のように企業の売り上げも伸びるので、民間企業の社員の給料は上昇する。それに対して公務員の給料は、国によっては固定されていて全く上がらず、物価スライド制を導入している国でも、賃上げは物価上昇のスピードよりも遅れてしまう。そのため、公務員の実質可処分所得は低下する。つまり、生活水準が低下してしまうのである。

例えば、日本では、一九九〇年前後のバブル経済の時、土地の価格が急激に上昇したため、公務員が自らの給料だけで、首都圏にマイホームを購入することは、困難になってしまった。だが、一〇年以上にも及ぶ長期不況の結果、土地価格が大幅に低下したため、現在では、公務員でも自分の給料だけで、首都圏でマイホーム購入をしやすくなった。例えば、住宅地の一平方メートル当たりの都県別平均価格を、一九九六年と二〇〇五年とで比較すると、東京都は三九・九万円から二九・三万円へと三割近く下落し、神奈川県は二六・八万円から一八・二万円へと三割強、埼玉県は一八万円から一一・七万円へと三割半、千葉県は一四・四万円から七・七万円へと実に五割も下落した。ちなみに、政令指定都市である千葉市の住宅地平均価格は、九七年の一九・四万円から〇五年には一一・一万円へと四割ほど下落している[108]。一〇〇平方メートルは約三〇坪である。千葉市内では、約三〇坪の住宅地が、橋本政権（一九九六年一月~九八年七月）時の九七年には二〇〇〇万円弱だったが、それが、長期デフレ不況によって、小泉政権後期の〇五年には、四割引の一〇〇〇万円強の価格になったのである。

こうした長期デフレ不況のおかげで、現在の公務員は、結婚する上でも有利な、モテる職業となっている。例えば名古屋では、「嫁取り御三家」という、結婚に有利な人気企業がある。時代と共に変遷するが、現在では、トヨタ自動車、JR東海、中部電力などである。ところが最近では、この「嫁取り御三家」よりも、名古屋市役所や愛知県庁などの公務員のほうが人気が高いという。(109)バブル時代には民間企業よりも年収が低く、結婚難に苦しんでいた独身男性が多かった地方公務員が、今や長期デフレ不況のおかげで、「世界のトヨタ」よりも結婚に有利な職業となってしまったのである。

高級官僚を含めた公務員層の利益と、国民全体の利益は、まさに、二律背反の関係にある。バブル崩壊以降、景気が回復しかかるたびに、日銀や財務官僚が横槍を入れてそれを潰してきたのは、こうした背景による。財務官僚の主張を受け入れた橋本政権は、一九九六年に三・四%まで回復していた実質経済成長率を、一九九八年にはマイナス〇・六%まで下落させてしまった。その結果、同年の参院選で大敗したが、その後を受けた小渕政権（一九九八年七月〜二〇〇〇年四月）は、一〇〇兆円を超える財政出動を行い、実質経済成長率を一・四%まで回復させた。だが、小渕総理の急逝後、日銀の速水総裁（任期：一九九八年三月〜二〇〇三年三月）が、金利引き上げによって景気を悪化させてしまった。(110)ちなみに、小泉政権後期に緩やかな経済成長が実現したのは、構造改革によるものではなく、福井俊彦日銀総裁（任期：二〇〇三年三月〜〇八年三月）が若干の金融緩和を行ったことなどによるものである。(111)福井総裁は、総裁になってからも、村上ファンドの村上世彰（二〇〇六年に証券取引法違反容疑で逮捕）とクローニーな関係を保ち続けるなど、そうした点では大いに問題があったが、金融政策に関しては、前任者よりも適切な部分もあった。もっとも、二〇〇六年三月の金融緩和政策の解除と、同年七月のゼロ金利政策の解除は、景気に悪影響を与える不適切なものであった[112]。

政治評論家の森田実氏によると、氏は、小泉政権時代に、政権ブレーンを自称する元大物官僚と激論になった。理由は、その元大物官僚が、能力のある者がその能力に応じた利益を得られない従来の日本をぶっ潰し、能力に応じた利益を得られる社会をつくらなければならない、と主張したからである。それに対し氏は、中央省庁の高級官僚は、その能力を国民のために使うべきであり、自分個人の利益の追求に使うのは大きな過ちだ、と反論したが、議論は平行線をたどったままだった[113]。

元大物官僚の言う「能力のある者」とは、言うまでもなく、自分自身のことである。そして、「能力に応じた利益」とは、それまでの高級官僚が得られない水準の利益であるため、豪邸を含む数億円、もしくは数十億円の資産の形成を意味していよう。たとえ「元」であっても、公務員が「日本をぶっ潰す」などと発言することは、とんでもないことである。だがこの話は、近年における高級官僚のモラルの低下を、如実に現している。官僚達が景気回復に何度も横槍を入れるのも、天下り先を確保するために税金を浪費するのも、全く同じ理由、すなわち、個人的利益の追求によるものである。既にスミスが明らかにしているように、私益の追求が公益に転換するのは、市場を通した場合だけである。権力を濫用して追求する私益は、公益を著しく毀損してしまう。つまり、一九九〇年代以降の国民経済の疲弊は、高級官僚による人為的な側面が大きいと言わざるを得ないのである。

なお、公務員以外にも、年金生活者は、短期的には年金支給額が固定されているため、デフレによって実質所得が増加する。与党政治家の後援会員の中には年金生活者も少なくないため、政治家の中には、デフレのほうが望ましいという誤った判断をしてしまう者も、いたかも知れない。だが、デフレが長期化すると、現役世代による年金納付が滞り、年金財政が悪化してしまう。それにより長期的には、年金支給年齢の引き上げや、年金支給額の減額を、余儀なくされてしまう。したがって、年金生活者にとっても、デフレ不況は、長期的にはマイナスになる。

それでは、こうした問題は、どのようにすれば解決できるのか。高級官僚の問題については、局長などの一定ポスト以上の官僚を、政治任命にすればよい。そして、与党が国政選挙で敗北して政権が変わる際には、政治任命の官僚は全員、大臣と共に辞職するのである。そうした、政権と高級官僚が一種の運命共同体となるシステムにすれば、高級経済官僚が、景気を悪化させて政権の足を引っ張ることは、少なくなるだろう。加えて、日銀総裁も、総理大臣が自由に解任できるシステムにしなければならない。

地方公務員のインフレ目標政策に対する反発に対しては、夕張市の例を意識させればよい。デフレ不況が長期間続けば、自らが属する自治体も、財政破綻してしまう可能性がある。それを自覚すれば、地方公務員にとっても、デフレが決して好ましいものでないことを、容易に理解するはずである。

年金生活者に対しては、インフレ目標政策に基づいて紙幣を増刷した分の一部を、年金支給額の増額分に充てればよい。そうすれば、インフレによる年金生活者の実質可処分所得の低下を食い止めることができる。

加えて、年金支給額の増額は、消費の拡大によって国全体の有効需要を引き上げ、経済成長を促進する効果がある。有効需要の引き上げという視点では、現在無年金者である人々にも、公的な年金を支給することが望ましい。さらに、低所得世帯や中所得世帯に対し、各種手当ての支給や減税などを行うことによって、さらに有効需要を引き上げることができる。

ちなみに、高所得世帯の可処分所得を増加させても、貯蓄や投資が増加するだけで、消費はさほど拡大しない。なぜなら、大衆消費財で欲しい商品は、既に全部購入しているからである。それに対し、中・低所得世帯の可処分所得を増加させると、その多くは消費に充てられる。つまり、消費を拡大させて経済成長を促進させるためには、中・低所得世帯に手厚く資金を配分することが、経済学的に正しい政策なのである。

現在の日本では、年金生活者も含めて、生活保護水準以下の貧困世帯が一〇〇〇万強[114]ほど、年収三〇〇万円未満の世帯が一五〇〇万弱[115]ほど存在する。それらの世帯に対し、年金支給額の増額、児童手当の増額、各種新手当の創設、無年金者を対象とした新年金制度の創設、減税、社会保障費の減額、などによって、年間一〇〇万円ずつ投入すれば、貧困世帯のみを対象にした場合で年間一〇兆円強、年収三〇〇万円未満世帯を対象とした場合で年間一五兆円ほど、必要となる。ちなみに、年三%のインフレ目標政策を実施するには、日本の国内総生産が五〇〇兆円強なので、最低でも一五兆円ほど紙幣を増刷しなければならない。したがって、インフレ目標政策を導入し、増刷した分の紙幣を、全て貧困層や低所得世帯に配分すれば、人間の安全保障を守り、貧困を克服することが可能となり、さらに、消費が拡大することによって、経済成長も実現するのである。

（6）和の精神は世界の希望

以上より、市場原理主義に対抗する唯一の有効な選択肢が、富の再配分を行う修正資本主義である。世界各国がこの選択肢を選べば、経済問題を原因とする文明の衝突は発生しない。

世界中に市場原理主義を押しつけ、文明の衝突を惹起し続けてきたアメリカも、近年では市場原理主義によって貧困層やホームレスが国内で増加し、疲弊してきている。(116)「変化」をスローガンに大統領を目指すバラク・オバマ候補の人気が急上昇しているのは、アメリカ人の中にも、市場原理主義への反発が強まっているからであろう。また、オバマ候補は、分裂したアメリカではなく一つのアメリカを訴えて、多くのアメリカ人の心をつかんだ。人種の違いやイデオロギーの違いを乗り越え、互いに助け合い、支え合う共生社会を構築しようというわけである。

要するに、日本的に言えば、和の精神である。日本では、七世紀初頭に聖徳太子が神道勢力と仏教勢力の対立を乗り越え、和の精神によって両者の共存を、そして「一つの日本」を、実現した。アメリカでは、日本に遅れること一四〇〇年も経って、ようやくそれに気づき始めたのである。

アメリカが本当に変化し、市場原理主義を克服して修正資本主義による共生社会を実現すれば、それは、世界の平和にも大きく貢献するであろう。

我々日本人も、「構造改革」によって破壊された社会を早急に立て直し、先人達が築いてきた和の精神に基づいた日本社会を、互いに助け合い、支え合う社会を、再建しなければならない。

日本は、国全体のGDP規模では、いまだにアメリカに次ぐ世界第二位の経済大国であり、一億人を超える人口大国である。グローバル時代においては、大国である日本が構築した社会は、全世界にとっても有力なモデルとなり、大きな影響を与える。市場原理主義によって荒廃した現在の世界において、和の精神に基づく共生社会は、まさに、世界の希望であり、夢である。今こそ日本は、自らが手本となって、和の精神を世界に発信すべき時であろう。

第二章　農業と食文化をめぐる文明の衝突

1　問題の所在

(1) 農産物をめぐる貿易摩擦は、なぜ文明の衝突となるのか?

農業は、文明の基盤である。[1] 文明誕生の前提に農業の開始があるから[2]だけではない。工業化が進んだ現代においてもなお、農業は文明の基盤である。なぜなら、人間は生命を維持するために食物を必要とする。ゆえに、食物は人間にとって最も重要かつ必要不可欠なものである。その食物をどのように加工し、調理し、どのように食するのか、この食に関わる様式のことを食文化と呼ぶが、食物が人間の生存にとって最も重要なものである以上、食文化こそが文明の中核部分を占めると言っても過言ではない。[3] そしてそれぞれの食文化は、それぞれの地域における固有の農業のあり方によって規定されて[4]いるがゆえに、農業こそが、最も重要な文明の基盤なのである。[5]

また、梅棹忠夫の「文明の生態史観」における「文明」は、農業生産に基礎を置くものであったが、さらに氏は、主体とそれを取り巻く環境とで形成するシステムを、人間と自然からなる生態系と、人間と装置・制度からなる文明系とに分けて把握し、文明系は農業などを通して生態系の強い影響下にある、とした。[6]この視点に基づけば、農業は生態系と文明系とを結ぶ結節点である。

　このように、それぞれの文明はそれぞれの農業に規定され、さらにその農業はそれぞれの地域における自然環境によって規定されている。同時に、農業もまた自然環境に対して大きな影響を与えているため、文明、農業、自然環境の三者の間には、強固な相互連関が築かれている。[7]

　しかしグローバル時代が到来し、大量の農産物が大洋を越えて輸送されるようになってからは、文明と農業との連関が揺らぎ始めている。とりわけ近年は農産物貿易においても、WTO（世界貿易機関）によって工業製品並みの輸入自由化が推進されており、多くの国々の農業が危機に晒《さら》されようとしている。農業が文明と自然環境と連関している以上、農産物の全面的な輸入自由化によって生じる農業の危機は、文明と環境の危機でもあろう。[8]

　よって本章の目的は、このような問題意識に基づき、今後のWTO下におけるアジアの農業と文明の動向を探るための一助となる考察を、比較文明学的視角より行うことである。

　そこで、まず第二節では、およそ半世紀に渡って世界最大の穀物輸出国であるアメリカ合衆国の農業と文明について検討する。二〇〇一年の全世界穀物輸出量に占めるアメリカ（輸出世界第一位）の比率は三一％であり、カナダとオーストラリアを加えると、四七％に達する。それに対し同年の全世界穀物輸入量に占める日本（輸入世界第一位）の比率は一〇％であり、アジア全体では四一%である。[9] よって、世界の農産物貿易において生じた摩擦は、アングロ＝サクソン文明とアジア文明との「文明の衝突」として捉えることが可能である。

なお、近代経済学（以下、近経）的な見地[10]では、自由貿易の理論モデル上においては、如何なる摩擦も発生し得ない。なぜなら比較優位論によれば、貿易を行う二国は、双方共に利益を得るからである。[11] つまり貿易摩擦は、経済学的理由によっては生じ得ない。しかし現実には、様々な商品をめぐって貿易摩擦が生じている。日米間の貿易摩擦に限ってみても、古くは繊維製品に始まり近年の自動車や半導体まで、また農産物においては、牛肉、オレンジ、米《コメ》、リンゴ、と具体的な細目は変遷しつつも、長期間に渡って貿易摩擦が発生し続けている。では、こうした貿易摩擦はなぜ発生するのか。それは、圧力団体が不公正な利益を得るべくレント・シーキング（rentseeking）を行い、公正な自由貿易・自由競争をねじ曲げようと政治家や政府に圧力を加えているからである。レント・シーキングとは、保護関税、輸入規制、補助金などの獲得によって、政治的な手段で利益を得ようとする活動のことである。[12] アメリカ側が主張する日本の市場閉鎖性も、こうしたレント・シーキング活動によって生じていると想定されている。[13] つまり貿易摩擦は、経済問題ではなく政治問題なのである。[14] よって近経的な見地では、自由貿易を貫徹させることにより、輸出国と輸入国の双方が共に利益を最大化することができる。例えばアメリカ農務省の推計によれば、日本が農産物貿易を完全に自由化して農業の補助金を全廃するならば、アメリカ産低価格農産物の購入増加による食料費の節約などによって、日本人は一人当たり年間三六ドルの

利益が得られ、一方アメリカ人は輸出が増加するため四九ドルの利益を得られる。(15)

だが、こうした近経的な見解は、本来多面的な存在である人間と、多様な装置・制度群とによって形成される文明系の、ごく一断面を切り取って提示したものにすぎない。例えば、水田は環境保全などの多面的な機能を持つが、もし仮に、近経的な見解を徹底的に貫徹させて農産物輸入の完全自由化を実行したならば、我々日本人は、一日当たり僅か一〇円ほど(年間三六ドル)の利益のために、自らが居住する良好な自然環境を破壊するという喜劇を演じてしまうことになる。よって我々が農産物の貿易摩擦の問題を建設的に分析するためには、従来のような経済学や政治学などの極度に専門分化された社会科学的接近法ではなく、人文科学、社会科学、自然科学を包含した総合的な比較文明学的接近法に基づき、文明論的把握をすることが是非とも必要となるのである。本章第二節は、このような視角より、なぜアメリカが僅か四九ドルばかりの利益を得るために、日本に強大な政治圧力をかけるのか、その理由を文明論的に分析する。

(2) アメリカ文明の圧力に、日本文明はどのように対応したのか?

続いて第三節では、第二次大戦後、アメリカの穀物輸出の圧力に日本がどのように対応してきたのかについて、文明論的な観点から検討する。一九五一年における世界の穀物輸出量の過半は小麦(小麦粉含む。以下同様)であったが、アメリカは全世界小麦輸出量の四四%を占め、カナダとオーストラリアを加えると三カ国で八三%を占めた。主要な小麦輸入国は欧州諸国であり、欧州全体（ソ連除く）で全世界小麦輸入量の五四%を占めた。他に、小麦純輸入地域であるアジアが二四%を、アフリカが七%を占めた。アジアの中で最大の輸入国は、小麦食地域を北西部に抱えるインドであり、アジア全体の四六%を占めた。それに次ぐ輸入国は日本で、アジアの中で二五%を占めた。[16] その輸出入された小麦で養える人口数は、輸出側はアメリカが約八六〇〇万人分、米・加・豪の三カ国で約一億六二〇〇万人分、輸入側は欧州が約九九〇〇万人分、インドが約二一〇〇万人分、日本が約一一〇〇万人分、アフリカが約一三〇〇万人分であった。[17] つまり半世紀前の小麦世界貿易の構造は、日本やアフリカを例外として、基本的に小麦食地域間での貿易であり、しかも、輸出の八割強を米・加・豪の三カ国が占めて輸入の五割強を欧州が占めるため、欧米文明圏内の貿易が中心であったと言える。

　ところが、現在では大きく様変わりをした。二〇〇一年の小麦世界貿易では、欧州は約七三〇〇万人分の小麦の純輸出地域となっている。もっとも輸出国の筆頭は依然としてアメリカで、全世界小麦輸出量の二一%を占めており、米・加・豪の三カ国で四八%を占める。一方、小麦の純輸入地域は、アジア、アフリカ、南アメリカの三地域のみだが、南アメリカの純輸入は微少であり、アジアが全世界小麦輸入量の三六%（純輸入量は約二億一七〇〇万人分）を、アフリカが二一%（約一億五九〇〇万人分）を占める。そしてこの三地域の小麦純輸入量に占める割合はそれぞれ、アジア五七%、アフリカ四二%である。つまり現在の小麦世界貿易は、欧米文明圏が輸出し、それをアジアとアフリカが輸入するという構造に変化しているのである。さらにアジアを、米を主食とするモンスーン・アジア（インドは除く）と、小麦を主食とする非モンスーン・アジアとに二分した場合、アジアの純輸入量に占める前者の輸入量の比率は七三％（約一億五九〇〇万人分）である。[18]

したがって、現在における世界の小麦主要輸入地域は、米食文化圏のモンスーン・アジアと、雑穀食文化圏のアフリカである。[19]もともと雑穀を主食としたアフリカに約一・六億人分もの小麦が輸入されれば、その分の雑穀生産が消滅するのは想像に難くない。アフリカの慢性的な食料危機[20]の一因は、主要食料の一部が雑穀から小麦へと変化し、その小麦を輸入に頼るところから生じている。[21]それに対しモンスーン・アジアには、日本の三七〇〇万人分を筆頭にアフリカとほぼ同量の小麦が輸入されているが、アフリカのような状況は生じていない。この理由を明らかにするのが、第三節の目的である。

なお、その分析の際には、近年の比較社会学において重要視されている「逆欠如」論という視角に基づき分析を試みる。旧来の日本社会についての諸研究は、欧米の社会を基準に据えて分析を試みたため、欧米社会に存在する事象を日本では見出せないことが多々あった。そうした「欠如」を欠陥とみなしたため、日本社会の後進性や封建性、あるいは日本経済や諸産業の脆弱性などがいたずらに強調され、現実の日本社会から遊離した主張がなされるに至った。逆欠如論とは、そうした旧来の諸説の問題点を克服すべく、日本に存在する事象を基準に据えて諸外国と比較検討することによって、より現実的な日本社会の実態を分析可能にする視角である。[22]本章第三節では、この逆欠如論の視角より、日本の農業と食文化に焦点を当ててその実態を分析する。

それでは以下において、農業と食文化をめぐるアメリカと日本との文明間関係について、比較文明学的に検討を進めることとする。

2　アメリカ文明における農業と農民

（1）資本主義農業の生産力

アメリカでは、利潤の極大化をめざす資本家的農場経営者が、投資拡大と技術革新によって常に穀物の増産を続けたため、その生産量の増加は著しい。二〇世紀の一〇〇年間の間に、小麦は三・八倍、トウモロコシは三・六倍に増加した。[23] 単位当たり収量は、一ヘクタール当たり、小麦は〇・八トンから二・九トンへ、トウモロコシは一・八トンから八・四トンへと、四倍前後に増加した。[24] 同期間に日本の米生産量が約二・一倍に増加、[25] 単位当たり収量は一ヘクタール当たり、二・一トンから五・九トンへ約三倍に増加したのみであるのと比較すると、[26] アメリカ農業の生産量増加の大きさは際立っている。[27] そのため早くから国内市場の需要を大幅に上回る量の穀物生産が実現しており、小麦の輸出率（量）は、一九世紀末の時点で約一六％、その後徐々に上昇し、一九六一年に初めて輸出率が五割を突破してからは、五カ年平均では、現在までほぼ五割前後を維持している。[28]

ここで重要なのは、アメリカにおける穀物生産の拡大は、基本的には海外需要に牽引された他律的なものではなく、農場の経営規模の拡大（大規模化）、農業機械の導入（機械化）、農薬・化学肥料の多投（化学化）、品種改良種の積極的な導入（バイオ化）といった資本主義的農業の進展に伴い、自律的に実現した点である。したがって、第二次大戦後より一層顕著なものとなった海外への大量の穀物輸出は、国内において深刻化した余剰穀物問題を解決するための有力な選択肢として、連邦政府による強力なリーダーシップによって押し進められたものである。[30]

例えば、第二次大戦後の一九四八年に成立したマーシャル・プランは、その中核に食料援助計画が据えられ、欧州へ大量の小麦援助を行ったことからも明らかなように、アメリカ国内の余剰穀物問題を解決することに真の目的があった。だが、マーシャル・プランによる効果は一時的なものにとどまり、欧州農業の復興と共にそれも不可能となった。[31]

そしてついに一九五三年、アメリカは小麦の期末在庫率が一〇〇％を超えるに至った。つまり、国内消費と輸出を合わせた年間総需要量を超えるストックを抱えたのである。[32] このように常に需要を遙かに上回る膨大な穀物を生産し続けるのは、生産力こそがアメリカ国民一人一人の自由と福祉を実現するための礎石である、と見なす成長至上主義をアメリカの農場経営者が信奉しているからである。[33]

こうした構造的余剰穀物問題を長期的に解消するため、農業界[34]の強力なロビイ活動[35]によって実現したのが、一九五四年から開始された公法四八〇号に基づく、ドルで対価を支払う余裕のない途上国に対する食料援助であった[36]。アメリカ政府は穀物の対価として受け取った現地通貨を、国防上の戦略物資の購入や、アメリカ系企業のための工業開発への投資に充てた。この食料援助は途上国の購買力の上昇に伴い貿易へと切り替わり、旧被援助国はアメリカ産穀物の重要な顧客となり、それに伴い途上国の食料依存率は増大した[37]。

つまりアメリカは、自国農業を保護するため、食料援助の美名[38]のもとに、途上国をはじめとした多くの国々の食料依存率を引き上げたのである。しかも、しばしば飢饉に見舞われるアフリカ諸国の場合、当該政府がエリート層を含む都市住民を重視する観点から、こうした穀物援助を利用して大都市の穀物価格を国際価格よりも低く抑えるために、アフリカの穀物生産は打撃を受けて停滞を余儀なくされ、それが飢饉の原因の一つとなっているとの見解もある[39]。ゆえにアメリカの余剰穀物問題は、その呼称が農産物の輸入自由化であるか、人道援助であるかにかかわらず、そのはけ口を海外に求めることによって、諸外国の農業を破壊し、諸外国に大きな犠牲を強いていると言えよう。

またアメリカは、日本とその旧統治地域に対し大量の小麦輸出を行った。日本は終戦後しばらくの間飢餓に悩まされたが、その理由は、戦前において食料の海外依存率が一五%前後であったにもかかわらず、一九四六年以降植民地米と満州産雑穀の輸入が途絶せしめられたからである。その後、民間貿易の再開が認められて米の輸入が可能となったのが一九五〇年である。その間に行われたのが、アメリカによる小麦援助であるが、これを契機に、国民一人当たりの熱量供給量に占める小麦の比率は五％前後から二〇％弱へと急増したほどであった。[40] 続いてアメリカは、公法四八〇号を成立させた同じ年に、政治圧力によって日本において学校給食法を成立せしめた。これにより日本政府は、毎年一八・五万トンのアメリカ産小麦を購入することとなった。つまりアメリカは、学校の給食制度を利用して、日本の子供達にアメリカ型食文化（パン食）を強要し、植え付けようとしたのである。[41]

しかし、このような海外への輸出・援助のみでは、アメリカは、なお国内の余剰穀物問題を充分には解消しきれなかった。そこでアメリカ農業界は、[42] 穀物を家畜の飼料とすることを開始した。牛肉一キログラムを生産するのには、七キロとも一一キロとも、[43] あるいは一六キロともされる量[44]の穀物が必要となるため、穀物の飼料化は穀物余剰問題を解決するためのまたとない手段であった。その結果、一九五〇年以前はほとんどいなかった穀物飼育の牛の比率は、一九七〇年代にはおよそ四分の三にまで達し、機械化や大規模化などが進んだ資本主義的農業による低価格の穀物を飼料としたことで、低価格での食肉生産が可能となり、肉類中心の食生活がアメリカ型生活様式となった。[45]

実際、現在のアメリカの一人当たり年間肉類消費量（二〇〇〇年）は、一二三kgである。それに対し、イタリアは九六kg、イギリスは七九kg、食文化の大きく異なる日本は四二kgである。[46] ちなみにこの年の一人当たりＧＤＰは、アメリカ三万四四六七ドル、イタリア一万八六〇七ドル、イギリス二万四一六八ドル、日本三万七五五〇ドルである。[47] つまりアメリカは、一人当たりＧＤ

Pがほぼ同じである日本の、約三倍の量の肉類を消費しているのである。

その結果、アメリカでは一人一日当たりの消費熱量（二〇〇一年）が三七六六kcal（内、肉類は四四二kcal）[48]と極めて高く、国民の肥満とそれによる成人病の増加の問題が年々深刻化している。アメリカ厚生省によって実施された全国健康・栄養調査によると、一九九九—二〇〇〇年における肥満傾向児（六～一九歳）の比率は一五%、成人（二〇～七四歳）は肥満が三一%で、「太り気味」を加えると六四%に達する。[49]そのため、保健医療費の一二%が肥満症へ支出されているほどである。[50]

なお、同年におけるその他の国の消費熱量は、イタリア三六八〇kcal、イギリス三三六八kcal、日本二七四六kcal（内、肉類は一六一kcal）である。日本は、香港（三一〇四kcal）、韓国（三〇五五kcal）、中国（二九六一kcal）よりも低く、さらにインドネシア（二九〇四kcal）よりも低い。[51]

以上より、アフリカでの食料危機の頻発とアメリカ国内での飽食による成人病の増加は同じコインの表と裏であり、アメリカ農業の自律的な、言葉を換えるならば、限界無き生産量の拡大は、国外においても国内においても人間の健康を破壊していると言えよう。

（2）アメリカ精神の体現者としての農民イメージ

それでは、現在のアメリカ農業が結果的にアメリカ国民の健康を破壊し医療費を増大させているにもかかわらず、なぜアメリカ政府は手厚い保護を農業に与えているのであろうか。しかも現[52]

在の労働人口に占める農民の比率は、わずか二％[53]にすぎないのである。

その理由は、夕日に向かって斧と鍬とを振る独立自営農民の生活を理想とした第三代大統領のジェファーソン[54]以来、農民こそが健全なるアメリカ精神の中心的担い手と見なされてきたからである。なぜなら、アメリカ精神の形成の原動力として、ピューリタニズムと共にフロンティア精神があるが、自由な大地であるフロンティア（辺境地域）で自主独立の自営農民により形成される社会は、本来的に民主的で平等な社会であり、よってフロンティアこそがアメリカの民主主義を、ゆえにアメリカ精神を、涵養したと考えられているからである。[55]さらに、アメリカにおけるイメージとしての農民像は、神が創造した土地を耕す、それゆえに腐敗堕落した都市住民には不可能なほどの、宗教的な意味での健全さと完全さを保つ、誠実で健康で幸福な独立自営農民であり、その上、土地という財産を所有するがゆえに国を守る上で最も頼りになる種類の市民、というものである。[56]

現代でも多くのアメリカ国民が、こうした、アメリカ精神の体現者としての農民イメージを抱いているがゆえに、歴代のアメリカ大統領はそれをうまく利用してきた。例えば近年では、ジミー・カーターは大統領選挙前、誠実で公正で思いやりのある理想的な政府をつくる能力があることの担保として、自分が農民であることを強調し[57]、見事に成功を収めた。その次に大統領となったロナルド・レーガンは、日本ではなじみが薄いものの、アメリカでは西部劇俳優として一定の知名度があった。[58]その西部劇の舞台こそ、小農場主や小牧場主などの独立自営農民達が生きる世界である。また、現在の大統領であるブッシュ・ジュニアも、しばしばテキサスの農場でカウボーイ姿をマスコミに披露している。

このように、自由や正義や民主主義といったアメリカ精神の体現者としての農民イメージは、一般市民から大統領まで広く共有されている。こうした状況を背景に、農業ロビイは強い影響力を長年に渡って発揮し、資本主義的農業の自律的成長を支援するよう、アメリカ政府に強く働きかけ続けてきた。アメリカ政府による諸外国に対する農産物の貿易自由化への圧力こそが、その最も重要な成果の一つである。つまり、農産物の貿易自由化とは、本来ならばアメリカの資本主義的農業の成長の足枷《あしかせ》となるはずの、需要の限界による制約を取り払うための主張なのである。

3　農業と食文化におけるアメリカ文明の圧力と日本文明

(1)　農業における日本の文明力

農産物貿易を完全に自由化した場合、国際競争力の劣る国/地域の農業は大きな打撃を受け、最終的には消滅せざるを得ない。だが、アメリカ、カナダ、オーストラリアといった農業先進国の圧力に長年に渡って晒《さら》されているにもかかわらず、非常に強い抵抗力を発揮している国がある。それこそが、日本である。

日本の農業関係者や研究者の多くは、農産物の貿易自由化に対する危機感が極めて強く、ゆえに、現在の日本農業が危機的状況にあるかのように見なすことも少なくない。[59]しかしそれは、日本文化によくありがちな、自国に対する過小評価によるものにすぎない。

例えば、食料自給率の問題もその一つである。現在の日本の食料自給率（二〇〇二年）は、穀物に関しては僅かに二八％、カロリーベースでも四〇％にすぎない。[60]二〇〇〇年の欧米諸国の穀物自給率はフランス一九一％、アメリカ一三三％、イギリス一一二％であり、[61]カロリーベースでの自給率がフランス一三二％、アメリカ一二五％、イギリス七四％であるのと比べると、確かに日本の自給率は低すぎるように見える。しかし金額ベースでは、二〇〇二年の日本の自給率は六九％である。[62]日本の農産物市場に占める輸入農産物の金額は、わずか三割程度にすぎない。つまり日本の輸入農産物の大部分は低価格品であり、それによって受けている農家の経済的な逸失利益は、実はかなり小さいのである。

これをアメリカと比較すれば、その逸失利益の少なさは、より明確となる。アメリカは農産物の輸出大国であるため、自給率という視点では高い数値となる。しかしこれを、輸入率という逆の視点から見た場合、アメリカの農産物国内市場に占める輸入率は、二〇〇一年には金額ベースで、実に二一％に達するのである。[63]

このように、世界最大の穀物輸出大国であり、先進農業国であるアメリカでさえ、金額ベースでの農産物輸入率は約二割もある。ゆえに、日本の農産物輸入率が三割程度しかないという点は、単に高く評価すべきであるのにとどまらない。大規模化による低価格大量生産に特徴を持つアメリカ型近代農業の対極に位置する、高付加価値化による高品質少量生産に特徴を持つ、日本型近代農業の存在を認めなければならない。

さらに、現在の自給率を過去と比較して見ると、輸入農産物に対する日本の農家経営の抵抗力の強さと高付加価値化は、一段と明確になる。一九六五年の自給率は、穀物について六二%、カロリーベースで七三%、金額ベースでは八六%であった。つまり、この三七年間の間に、穀物自給率は半分以下に、カロリーベースでも半分近くに自給率が低下したが、金額ベースでは、わずかに二割しか低下していない。この期間に、日本国内には大量の輸入農産物が流入したにもかかわらず、日本の農家が失った利益は、わずか二割にすぎないのである。日本は、単価の高い米や野菜のカロリーベースでの自給率（二〇〇二年）が、前者は九六%、後者が八〇%と高水準を維持し、さらに安価な穀物飼料の輸入によって高価格の畜産物（自給率六六%）を生産している。農家経営や農業経済という視点では、日本は効率的な国際分業体制を築いているのである。加えて、戦前期の一九三五年における自給率が、米が七三%、豆類が四二%であったことも考慮するならば、日本は戦前期より農産物の国際分業体制を築いていたとも言えるのである。(64)

次に、個々の農家の状況を検討しよう。二〇〇二年における日本の一戸当たり農家総所得は七八四万円であり、勤労世帯収入の平均を上回っている。この収入のうち、農業収入はわずか一〇二万円で、比率にすると一三%にしかすぎず、残りは農業外収入によるものである。専業農家の比率は約二〇%、第一種兼業農家は約一三%、第二種兼業農家は約六七%であるが、水田稲作の三分の二を担っているのが、この兼業農家である[65]。日本の農家経営の最大の強みは、実は、この兼業率の高さにある。従来、日本の農家の兼業率の高さは、三チャン農業（ジイチャン、バアチャン、カアチャンの三名のみの、すなわち父親抜きの農業）と揶揄《やゆ》され、あたかも日本農業の弱点のように捉えられてきたが、これこそが、輸入農産物の強大な圧力に押し潰されずに日本の農業を維持し、それによって日本の食文化を、ひいては日本文明の自己同一性を保つことに貢献してきた、経済的基盤なのである。もし日本の農家が、現在のような高額の農業外収入を農村部に居住しながら得ることができなかったならば、農村人口の大部分は大都市へ流出し、それによって水田をはじめ多くの農地が耕作放棄されてしまったであろう。

この兼業率の高さは、実は、世界的にも珍しい特徴である[66]。例えば隣の韓国は、日本と同様モンスーン・アジア圏に属し、気候的、地質的、植生的にも近似である。そのため、生産している主要な作物も米を中心としており日本と近似であり、ゆえに農耕文化基本複合[67]が近似である。にもかかわらず、韓国では農業の兼業率が低く、専業農家の比率は約六七％である。この理由は、韓国の工業化が財閥などの大企業中心であり、加えて、貿易輸送の便宜を考慮して、沿岸部や港湾に工業団地を形成する拠点開発方式を採ったため、商工業の地域偏在が著しく、地方での中小企業や農村工業が未展開なためである。ゆえに農村では、在村しつつ農業外収入を得ることが難しく、多くの労働力が離村し大都市へ流出した。このため総人口に占める農家人口（二〇〇〇年）は、日本が一〇・六％であるのに対し、韓国は八・七％と日本を下回っている[68]。

よって、韓国では工業化の進展に伴い離農離村し、農村に残った者は専業農家として農業収入のみに依存して経営を行っている。そのため、九〇年代に入り米以外の農産物の実質的な輸入自由化が始まると、一時期は日本向けの輸出用の野菜や花卉《かき》などの生産が増加したが、中国からの野菜や欧州からの乳製品の輸入が急増すると、韓国政府は積極的に特別セーフガードを発動して農家保護に当たったものの、九〇年代後半以降はウォン安による重油やビニールシートなどの輸入生産資材の価格高騰などもあり、再び米作中心の農家経営に回帰することとなった。ちなみに、耕地面積に占める水田の比率は、わずかではあるが日本よりも韓国の方が高く、加えて水田利用率は日本の六七・七%に対して韓国は九三・三%と遙かに高く、韓国農業に占める水田稲作の比重は、日本よりもかなり重い(69)。

このように専業農家が主流を占める韓国型農業は、農家経営上、価格競争力の強い輸入農産物の圧力に対して抵抗力が強いとは言えない。なぜなら専業の場合、農業収入による所得が家計を維持可能な水準を下回ると、廃業もしくは転業をせざるを得ないからである。ゆえに韓国の農家は、輸入自由化をほぼ阻止していた米の生産の比重を重くしたのである。しかし今後、米輸入の完全自由化が実現した場合、アメリカや中国の低価格米が大量に流入し、韓国の水田稲作農業は崩壊する可能性がある。水田は自然環境の保全などの多面的機能を有しているため、水田が耕作放棄されて荒れ地となれば、河川の氾濫や地下水の枯渇といった自然環境の崩壊まで一気に進んでしまう(70)。

こうした自然環境の崩壊につながる水田稲作農業の衰退を阻止すべく、韓国政府は、対外的には、米輸入の完全自由化に抵抗するため、ＷＴＯに農産物貿易に関して途上国待遇を要求し、国内的には、水田稲作経営のコストを削減して国際競争力を強化するため、アメリカ型の大規模化、機械化、農地流動化などを押し進める政策を採用した。とは言え、大規模稲作専業農家の多くは、政府から融資された資金の返済が難しく、農家が抱える負債は、所得対比で、一九九〇年の四三％から一九九九年の八三％へと急増した。そこで韓国政府は、二〇〇五年から米輸入の関税化、すなわち米市場の開放をすることが決まったため、ＥＵ等で行われている農家への補助金の直接支払制度を、食料安保と水田稲作の環境保全機能の両者を考慮し、二〇〇一年に導入して農政転換を行った。[71]つまり、アメリカ型から欧州型へと転換したのである。しかし直接支払制度の本質は、生産と所得補償の分離にあり、ゆえに同制度下では、農業生産量の低下、農業の粗放化、それに耕作放棄地の増加が必然的に引き起こされる。[72]同制度の目的は、農民の保護ではあっても、農業の保護ではない。同制度によって、集約的農業である水田稲作を守り、多面的機能を有する水田を維持し続けることは、決して容易ではない。

一方、兼業農家が主流を占める在村兼業型の日本型農業の場合、輸入低価格農産物の国内市場への大量流入によって、国内農家の農業収入が低下しても、兼業率が高く農業外収入が大きいため、たとえ農業収入が限りなくゼロに近づいても、農業を維持し続けることができる。農業収入をほとんど得られない農業は、もはや職業としての農業ではなく、一種の園芸《ガーデニング》であろう。[73]現在の日本農家の平均農業収入が、前述のようにわずか一〇〇万円程度であることを考えれば、既に日本はガーデンアイランド[74]への道を、日本文明は「美の文明[75]」への道を、進みつつあると言っても過言ではないかもしれない。

(2) 食文化における日本の文明力

前述のように、終戦後の日本は、パン食を中心としたアメリカ型食文化を強要された。学校給食制度を用いて、全ての日本人に、幼少期よりパン食文化を刷り込んだにもかかわらず、日本の食文化は消滅しなかったし、米は未だに主食の地位にある。人間が直接摂取する穀物に占める米の比率は、二〇〇一年の段階で六五%である。一九三五年の八三%と比べるとある程度比率は低下したものの、一九五五年の七二%と比較するとそれほどではない[76]。主食の地位をめぐって小麦が米に取って代わることができなかったことも、日本の水田稲作農業が維持された重要な要因の一つである。

ではなぜ、アメリカの小麦輸出の猛攻に晒されながらも、日本の食文化は自己同一性を維持できたのか。しかも、小麦は米よりも安価で国際価格は米の半分程度である[77]。

その理由は、日本はアメリカ産の低価格小麦を、パンだけではなく麵類に加工して受け入れたからである。とりわけ、アメリカ産小麦の大量消費に効果的だったのは、一九五八年に生産が開始されたインスタント・ラーメン（即席麵）の発明である。もっとも、アメリカ産小麦は製麵適性[78]が低いため、即席麺の開発者は苦心に苦心を重ねた[79]。

小麦はグルテン（植物性タンパク質）の含有率によって、強力粉《きょうりきこ》（グルテン含有率一一・五～一三％）、準強力粉（一〇・五～一二・五％）、中力粉《ちゅうりきこ》（七・五～一〇・五）、薄力粉《はくりきこ》（五・五～九％）に分類できる。このうち製麺適性に優れた小麦が中力粉であり、製パン適性に優れているのが強力粉と準強力粉である。そして、在来日本産小麦が全て中力粉であるのに対し、輸出用アメリカ産小麦の約七割が強力粉と準強力粉であり、残りがケーキ用の薄力粉である[80]。つまり、メリケン粉と称されるアメリカ産小麦と、うどん粉と呼ばれる日本産小麦は、同じ小麦でありながら物理的な品質の差により、互換性がない[81]。

よって本来アメリカ産小麦を麺に加工するのは容易ではないが、開発者の努力により、アメリカ産小麦に混入するつなぎを工夫することにより製麺化に成功した。その後、即席麺は一九六三年に米不足に悩む韓国に技術移転され、アメリカの援助小麦を利用して生産が急増したのを皮切りに、それ以降アジア中に生産と消費が拡大した[82]。二〇〇三年の即席麺の消費量は、日本五四億食、韓国三六億食、中国二七七億食など、モンスーン・アジア圏を中心に、アジア全体で約五六六億食、世界全体では六五三億食に達するほどである。

なお、即席麺以外の麺類の消費も日本では極めて多い。日本国内のラーメン店の数は、ラーメン店を名乗るものだけで約三万五〇〇〇店、主としてラーメンを出すにもかかわらず名乗らない店（中華料理店や一般食堂など）も含めると、二〇万店にのぼると推計される[83]。ファーストフード最大手の日本マクドナルドの店舗数が三七七三店、売上高三八六七億円（二〇〇三年）、第二位の日本ケンタッキー・フライド・チキンが一一六三店、売上高七〇二億円（二〇〇三年度）であること[84]を考慮するなら、外食産業としてのラーメン産業の隆盛は、ハンバーガーショップなどのアメリカ系ファーストフード産業を大幅に上回っていると言えよう。

ここで重要なのは、麺類、とりわけラーメンは、日本では軽食にはなり得ても主食にはなり得ない点である。一九一〇年に東京浅草で開店した『来々軒』をルーツとする東京ラーメンが、あっさりとした醤油スープに、早い時期から鰹《かつお》や昆布の和風ダシを加え、具にほうれん草、海苔、刻みネギ等を加えたこと、また札幌味噌ラーメンが、味噌汁を恋しがった単身赴任者の要望で開発されたことなどからも、ラーメンが味噌汁の延長線上に位置することは間違いない[85]。ゆえに、多くのラーメン店のメニューにあるラーメン定食ないしはラーメンセットは、ラーメンとライス（もしくはチャーハン）と餃子から構成されるのである。つまりラーメン定食とは、主食の米飯に、ラーメンと餃子という一汁一菜《いちじゅういっさい》の副食で構成されたものなのである。

したがって、ラーメンの普及は米食文化と対立しなかった。アメリカ産小麦を用いたラーメン[86]は米と置き換わらず、米と共に消費され続けている。もし仮に、アメリカ産小麦の製麵化が不成功に終わるか、ラーメンが普及しなかったならば、アメリカ産小麦ではパンのみが製造され、それにより米食文化が大幅に衰退していた可能性が強い。なぜなら、日本ではパンを洋食における主食と捉えていたからである。共に主食と見なされる米飯とパンの両方を、同時に食することはありえない。ゆえにパンの消費が増加すれば、その分、米の消費は減少せざるを得ない。加えて、主食のパンは和風副食物との相関関係が低く、洋風や中華風副食物とも結合しやすい米飯の対極に位置する。(87) つまり、もしパンが米飯の位置に取って代わっていたならば、副食物も和風から洋風へと切り替わり、和食文化全体が衰退して和風野菜の生産が減少し、それにより日本の農業全体が大きな打撃を被っていた可能性がある。

それゆえにラーメン産業の発展は、アメリカ産小麦を利用しつつもアメリカ型食文化を換骨奪胎し、日本型食文化の自己同一性を保ち、ひいては水田稲作農業を維持するのに大いに貢献したと言えるのである。

4　結論　文明の衝突を止揚する日本の文明力

以上の検討で明らかとなったように、無限に増産し続け、しかも販路を国外にも求めるアメリカの資本主義的農業は、世界中の農業を、さらには環境と文明までをも破壊しかねない。実際、アフリカ諸国は為す術なく、穀物生産農業が停滞して慢性的な食料危機を頻発させている。一方EUは、アメリカが推進する農産物貿易の自由化に強く反発し、国内農業を手厚く保護し続けている。このようにアメリカ文明は、農業問題において世界中で文明間の衝突を引き起こしているのである。

ところが日本を中心にアジアは、アメリカ産穀物を大量に輸入してきたにもかかわらず、その文明力の極めて高い柔軟性によって、アメリカ文明の強大な圧力を大幅に減圧し、農業と環境を極めて高い水準で維持して、食文化と文明の自己同一性を保ち続けてきた。

ここで最も重要な点は、日本は、アメリカの圧力を跳ね返したのではない、という点である。日本は、大量のアメリカ産小麦を輸入し続けることにより、アメリカ農業界に多大な利益を供給し続けてきた。そして同時に、国内の水田稲作農業を維持しながら、安価で供給の豊富なアメリカ産小麦を利用してラーメン文化を創り上げ、自国の現代食文化を発展させてきた。さらにその上、日本が発信した即席麺の食文化により、米食地域であるモンスーン・アジアもまた、アメリカ産小麦を大量に輸入し続けながら、日本と同様に水田稲作農業を維持し続けている。つまり日本の文明力は、アメリカ、アジア、日本の三者に利益をもたらしているのである。

このように日本文明は、アメリカ文明の圧力を止揚し、穀物貿易によって引き起こされた農業をめぐる国際ゼロサム・ゲームをも止揚している。ゼロサム・ゲームとは、誰かが利益を得れば、別の誰かがその分損失を被る、という関係である。(88) 文明間の衝突が喧伝される今日、こうした日本の文明力の研究こそが、比較文明学研究において急務であると言えよう。

第三章　農業と環境をめぐる文明の衝突

1　問題の所在　中華文明は、文明の衝突を引き起こすか？

レスター・ブラウンは長年に渡って、人類社会に、地球文明に警鐘を鳴らす著作を発表してきた。(1)その中で、近年において最も大きな反響を呼んだのが、『ワールド・ウォッチ』の一九九四年九・一〇月号に掲載された「誰が中国を養うのか？」(2)である。(3)この論考は、氏の意図はさておき、少なくとも一部の読者からは、凄まじい勢いで増殖を続けて世界中の食料を食い尽くさんとする中国の近未来像を描いたものとして、すなわち中国黄禍論や、中国異質論を主張したもの(4)として、受け止められた。(5)それゆえに、一時的にではあれ、中国当局から強い感情的反発を受けたのである。この論考には、社会経済構造の差異を無視して、戦後日本の経験を基礎において中国の食料輸入量の急増を推計していることをはじめ、数多くの欠陥(6)があるため、その内容をそのまま受け入れることは、到底できない。(7)しかし、氏の地球文明に対する警鐘という点に関しては、真摯に耳を傾ける必要があろう。

氏の力作を批判的に継承するためには、食料の増産とそれに伴う環境の劣化を中心に据え、食料危機を環境危機と捉え直して考察するべきであろう。[8] そしてそこにおける問題設定は、「誰が中国を養うのか?」ではなく、「中国／アジアは世界の環境を食い尽くすのか?」とするべきであろう。なぜなら、氏の問題設定から導き出される結論は、人口増大と経済成長を続ける中国ないしはアジアが世界の食料危機を引き起こす、というものだからである。[9] よって第二節では、この問題設定の正否について、氏の『誰が中国を養うのか?──迫りくる食糧危機の時代』で示された予測を批判的に検討し、経済学およびグローバリゼーションの観点から考察を加える。第三節では、大陸と海洋の二つの中華文明の社会経済構造の分析を踏まえた上で、[10] 上記において設定した問題を考察する。そして最後に、アジアにおける三つの文明、すなわち中華文明、インド文明、日本文明が有する、森に対する破壊、保全、育成の三つの姿勢に着目して比較考察し、今後の展望に結びつけたい。

2　中華文明は、世界の環境を食い尽くすか?

(1)　レスター・ブラウン予測再考

まず、レスター・R・ブラウン『誰が中国を養うのか?』の主な前提と論理展開を確認しておこう。主な前提は、第一に、中国の人口は増加する（前提①）。第二に、中国の食生活の水準が上昇する。すなわち、肉類と酒類の消費が増加することによって、より多くの穀物がそれらの生産のために消費され、それは一人当たりの実質穀物消費量を増加させる（前提②）。第三に、中国の穀物生産量は減少する（前提③）。その主な理由は、工業化に伴い農地が工業用地へ転用されるため、農地面積が減少するからである。

この三つの前提に基づいて、以下の論理が展開する。中国の穀物消費量は今後増加するのに対し生産量は低下するため、二十一世紀前半の中国の国内市場は、大幅な穀物不足に陥る。しかし中国は経済成長の進展に伴い多くの外貨を獲得するので、不足した穀物を国際市場で買い付けることができる。氏の二通りの予測のうち、楽観的なほうの予測でも、二〇三〇年には二億七〇〇万トンの穀物不足が生じる。これは、一九九四年の世界全体の穀物輸出量二億トンに、ほぼ等しい量である。[11] このような膨大な量の買い付けは、国際市場の穀物価格を騰貴させ、かつ世界全体の食料を大幅に不足させるため、世界各地の低所得者層を飢餓に陥らせる。つまり、氏の論理展開の帰結は、中国が世界中の食料を食い尽くし、他民族の多くの貧しい人々を餓死させる、というものである。

前提①と②に関しては、趨勢としては妥当である。氏は、二〇三〇年には人口が一六億人強になると予測しているが、これは多くの人口学者や研究機関の予測と大差ない。[12] この人口予測に基づき氏は、二〇三〇年における中国の穀物需要量は、一人当たり年間穀物消費量が現状の三〇〇キロを維持した場合に四・七九億トン（楽観的予測）、現在のイタリアや台湾並みの四〇〇キロ

（アメリカのほぼ半分）となった場合には六・四一億トン（悲観的予測）となると予測している。[13]

悲観的予測に関しては、中国国内の地域間格差や階層間格差を無視して、中国全体が先進国並みになることを想定している点に問題があり、前提③には、日中両国の社会経済構造の差異などを無視して、戦後の日本を推計の基準に置いた点に問題がある。日本は一九六〇年より穀物生産量が減少して九四年までに三二％低下したが、氏はこの数値を基に中国の穀物生産量は二〇三〇年までに二〇％減少するとし、一九九〇年の三・四一億トンから二〇三〇年には二・七二億トンにまで低下すると予測した。[14] だがそれに対して、中国国務院は二〇三〇年に六・〇八億トン、世界銀行は二〇二〇年に六・三六億トンから六・六七億トンに増加すると予測している。[15]

一九九四年秋のブラウン予測から、既に十年ほどが経過した。中国の穀物生産量は一九九四年に約三億九三八九万トンであったが、二〇〇二年は約三億九七九九万トンで穀物純輸出は一一九七万トンである。[16] したがって今のところは、氏が予測するような穀物生産の大幅な低下や、食料不足による穀物輸入の激増といった事態は生じていない。

（2）食料需給についての経済学的検討

では次に、氏の論理展開について検討を行おう。経済学的な論理では、穀物の需要が増加すれば穀物価格が上昇し、それによって生産が刺激されて穀物生産は増加する。したがって、環境による制約を無視して純粋に経済学的に考えれば、長期的には食料危機は生じ得ない。[17] 世界各地で、とりわけ途上国において、しばしば大飢饉が発生して多くの民衆が餓死するのは、食料不足によるものではない。ノーベル経済学賞受賞者アマルティア・センが既に明らかにしているように、社会全体の食料供給量が充分であっても、飢饉は発生する。なぜなら市場経済のもとでは、飢饉は食料の欠乏ではなく、購買力の欠乏によって生じるものだからである。[18] ある一定の地域、あるいは階層、または特定の産業に従事する者の集団が、景気変動によって購買力、すなわち食料を購入する資金が欠乏した時に、その者たちは飢餓に直面する。また、穀物価格のみが上昇し、それ以外の商品の価格が上昇しなかった場合には、穀物生産以外の職業に従事する広範囲の低所得者層の購買力が低下することになる。

現在の途上国での飢饉の発生は、プランテーション農業などで単一ないしは少数の国際商品のみに、多くの人々の生活が依存しているモノカルチュア経済において、その商品、たとえば砂糖やコーヒー豆などの国際価格が暴落[19]することによって、生じる。[20] 飢饉は、世界全体における食料の絶対的不足によって、生じているのではない。実際、現在の世界で一年間に生産されている穀物量二〇億トン[21]は、そのすべてが人間の一次的食料に回された場合、実に一三四億人を扶養できる量である。[22]

したがって、中国の穀物輸入の増大それ自体は、世界の食料不足をもたらすものではない。大凶作による突発的な急増でない限りは、中国の穀物輸入の増大は国際市場の穀物価格を緩やかに上昇させるだけである。しかも価格上昇は生産に刺激を与え、穀物生産量を増大させる。中国は二〇〇一年にWTO（世界貿易機関）に正式加盟したため、今後は穀物の国際市場と国内市場がより密接にリンクしてくる。つまり、外国に対して比較優位にある農産物の生産量は増加し、逆に比較劣位にある農産物の生産は減少することになる。中国国内の穀物価格は、インディカ米は国際価格より六〜三三％ほど低いのに対し、小麦は二六〜五三％、トウモロコシは一九〜五七％も高い。(23) こうした内外価格差により、中国の食料輸入の八割以上を小麦が占めるのに対し、(24) 過剰気味の米は二〇〇〇年には三〇〇万トンを輸出している。(25)

現在の世界における主要小麦輸出国の多くは、アメリカやカナダのような、大規模機械化農業を行っている国々である。アメリカ、カナダ、フランス、オーストラリア、アルゼンチンの五カ国で世界の小麦輸出量の八八％を占め、トウモロコシの輸出についてはアメリカ一国で七八％を占める。(26) そして、世界の年間穀物輸出約二億トンの約半分はアメリカ一国によって担われている。(27) したがって、今後、中国がアメリカなどの輸出国よりも低価格で小麦を生産できなければ、中国の小麦輸入はさらに拡大する。だがその一方で、日本が米の輸入を完全に自由化すれば、低価格を武器に、中国が世界最大の米輸出国となる可能性もある。

また、中国の小麦輸入量がアメリカやカナダの小麦生産能力を大幅に上回る事態になるか、もしくはアメリカのグレートプレーンズ地帯の地下水が枯渇して(28) 小麦生産量が低下する事態になれば、国際市場における小麦価格が上昇するため、(29) 今度は中国国内の農家が刺激を受け、中国の小麦生産量が増大する。つまり、グローバル時代における世界経済のもとでは、中国が穀物輸入大国になるか否かは、国際市場における穀物価格と、中国農業の生産コストとの関係にかかっているのである。

そもそも、ブラウンが推計の基準としている日本が主として輸入している穀物の大部分は、飼料用穀物のトウモロコシを除くと、小麦である[30]。日本が自給率一割程度の小麦輸入大国[31]となった最大の理由は、氏が重要な要因として指摘している工業化の進展による農地の減少[32]によるものでもないし、人口増加によるものでも、食生活の質の向上によるものでも、ましてや、小麦の生産能力の低下によるものでもない[33]。日本産小麦の価格競争力が、欧米産小麦より劣位にあったことが、最大の理由である。氏は、中国やアジアの穀物輸入、とりわけ小麦輸入が、あたかも世界の食料危機を引き起こすかのように考えているが、しかし現実には、アメリカやオーストラリアなどが低価格[34]で小麦を国際市場に供給しているがゆえに、日本などが小麦輸入国となっただけなのである。もし、今後アメリカなどの小麦輸出国が生産を減少させるか、小麦価格を引き上げれば、アジア域内での小麦生産量は増加するであろう[35]。

(3) 食料需要の増加と環境危機

二〇世紀後半の途上国における人口爆発の要因の一つには、アメリカの穀物生産量の急増とそれに伴う海外市場の開拓があった[36](詳しくは第二章を参照)。

途上国における人口爆発の他の要因としては、一九六〇年代より途上国で始まった「緑の革命」

がある。緑の革命とは、小麦や米の高収量品種、化学肥料、農薬、農機具の使用、それに灌漑設備を組み合わせることによって実現した食料生産の急増のことである。狭義における緑の革命は、ロックフェラー、フォード両財団の援助で開設されたアメリカ系の研究所で開発された高収量品種を使用した農業のみを指すが、そのケースでは、途上国における農民の教育水準を考慮して、一定量の高収量品種の種子、化学肥料、農薬を一つのパケットにして農民に配布した。[37] ここで見逃してならないのは、緑の革命が進展すればするほど、種子・肥料・農薬などを生産するアメリカの農業関連企業の利潤が増大する点である。[38]

途上国における人口爆発の要因として、DDTの普及によるマラリア蚊の撲滅など、衛生保健条件の飛躍的向上による死亡率の低下が挙げられることがある。[39] だが、死亡率低下の最大の理由は、言うまでもなく食料事情の改善である。アメリカによる食料援助、低価格穀物の大量輸出、そして緑の革命の推進による食料増産によって、途上国における食料事情は大きく改善され、それは人口の爆発的増大をもたらした。ここで重要な点は、途上国で人口が増大すればするほど穀物需要もまた増大し、アメリカ農業界の得る利益がさらに拡大する点である。同様に、先進諸国や中所得諸国においてハンバーガーなどのアメリカ型食文化が普及すればするほど、それもまたアメリカ農業界の利益の拡大に寄与する。

したがって、二〇世紀後半以降の途上国における人口爆発と、先進国における飽食、それはしばしばアメリカ型食生活の進行であったが、これらは共にアメリカ農業界の利潤追求の結果生じた、同じコインの表と裏なのである。よって、途上国における人口爆発と、他の先進国・中進国などに対するアメリカ型食文化の輸出攻勢の問題は、単にアメリカの資本主義的農業の問題として捉えるのではなく、世界全体に拡大した、すなわちグローバル化したアメリカ文明の本質的問題として捉えるべきであろう(40)。

以上の検討より、世界の人口危機や食料危機を主張する識者はブラウンをはじめとして少なくないが、短期的ミクロ的にはあり得ても、長期的マクロ的には、人口危機も食料危機も存在しない(41)。こうした現実を無視し、人口危機や食料危機を主張して食料の増産を叫べば、結果的には、アメリカ農業界の利益を代弁することになってしまう。

中国ないしはアジアの穀物輸入の拡大、あるいは穀物消費の拡大は、世界の食料危機を引き起こすものではない。だがこの考察は、環境による制約を除いている。環境による制約を加えて考察するならば、また別の問題点が浮かび上がる。

既にブラウンは、経済をエコ・システムの中へ、すなわち環境の中へ組み込むことを主張(42)しているが、氏が本当に意図するところをより正確に表現するならば、それは、経済学の中に環境による制約を組み込むことであると言えよう。周知のように、水田による米の栽培は土壌破壊や洪水を防止し、水資源を涵養するなど国土保全機能を有する(43)が、麦作による環境の劣化は著しい(44)。現在の小麦輸出大国アメリカは、大量の土壌を流出させ、回復不可能な地下水脈を枯渇させながら小麦を生産している(45)。つまり、アメリカが大量の小麦を低価格で国際市場に供給できる背景には、小麦生産のコストに、土壌流出やかけがえのない地下水脈の枯渇という環境劣化の費用、すなわち環境コストを組み込んでいないからである。しかも、アメリカの食料生産による環境破壊は、グローバリゼーションの進展にともない、アメリカ国外においてより激しく進行している。一例を挙げるなら、アメリカなどの欧米諸国でのハンバーガー需要の高まりによって、アマゾン一帯で飼育される牛の頭数は、一九九〇年の二六〇〇万頭から二〇〇二年には五七〇〇万頭に急増、その放牧地造成のためにアマゾンの熱帯雨林の伐採が大規模に進行している。(46) したがって、現在において世界の環境をまさに食い尽くさんとしているのは、中国ではなくアメリカであり、より正確には、グローバル化したアメリカ文明なのである。(47)

とは言え、環境コストを組み込まずに食料を生産しているのは、何もアメリカだけの話ではない。途上国の多くでは、国内用の食料の生産を増加させるために、森を切り開いて畑作地にし、過剰な放牧を行って牧草地を砂漠化させている。(48) 中国国内においても、そうした状況が進行しており、(49) 近年における山岳地帯における森林の過剰な伐採は、死者三〇〇〇人で被害総額はＧＤＰの三～四％にのぼった一九九八年の長江大洪水(50)等の大規模自然災害の発生を引き起こしている。(51)

したがって、人口増加や食生活の質の向上などによる食料需要の上昇は、食料危機を引き起こすのではなく、環境危機を引き起こすのである。そして、今後の中国の食料需要は確実に増加していく。中国が食料輸入大国になれば、世界の小麦生産地の環境をさらに劣化させる。逆に国内生産で需要増加をまかなえば、今度は中国国内の環境を劣化させる。現在中国は、二〇三〇年の食料総生産量を開拓による農地の拡大などによって一九九五年の四二％増とすることができると見積もり、食料自給率九〇％以上を維持する方針である。[52] だがＷＴＯ下において、環境コストを含めない低価格のアメリカ産小麦に対抗するためには、中国農業の側も環境コストを無視しなければならない。なぜなら中国農民の賃金の低廉さは、アメリカ農業の機械化による低人件費によって相殺されてしまうからである。つまりグローバル時代においては、ある国が環境コストを計上しない食料を輸出すれば、それに対抗しようとする他国においても環境コストを含めることができなくなり、環境破壊が進行するのである。もし中国が現在の方針通りに食料の増産を進めれば、中国は食料危機に陥ることはないが、甚大な環境危機に陥ることになる。

ゆえに、グローバル時代における世界の環境劣化を防ぐには、環境劣化を伴う食料生産に対して重い課税を加えるといったような、[53] 食料生産コストに環境コストを包含させるための法整備を、全世界規模で同時に行う必要がある。

とは言え、このような環境コスト主義のみでは、増大する地球人口を考慮した場合、とりわけ目覚ましい経済成長を続けて購買力を急上昇させている中国の食料需要の増加を考慮した場合には、充分ではない。人口大国である中国が世界の環境を劣化させないためには、中華文明の主流を、[54] 環境劣化型の麦作牧畜文明から、相対的に環境保全型の稲作漁労文明へと転換させなければならない。その転換は、とりもなおさず、大陸中華文明から、海洋中華文明への転換を意味しよう。

3　食文化における大陸中華文明と海洋中華文明

（1）中国の経済成長と国内格差

近年における中国の経済成長は目覚ましい。経済成長率は、一九九二年から九五年まで四年連続で一〇％を超え、その後も常に七％以上を維持し続けている。[55] 改革開放路線開始後、一九七八年から二〇〇二年の間に、GDPは名目で三六二四億元から一〇兆四七九一億元へと約二九倍へと増加、一人当たりGDPは、三七九元から八一八四元へと二二倍へと増加している。[56] 中国は世界の人口大国の中で、人口増加率を押さえることに最も成功した国である[57]にもかかわらず、ブラウンが特に中国に対して強い警戒心を持つのは、この経済成長がもたらす中国国民の食料に関する消費水準の向上を恐れているからである。[58]

では、具体的には中国人一人当たりの購買力はどの程度なのだろうか。二〇〇二年における一人当たりGDPの八一八四元とは、実は、アメリカドルに換算するとわずか九九〇ドル、日本円では約一二万円にすぎない。[59] 他国と比べて見ると、二〇〇〇年における一人当たりGDPは、日本が三万七四九四ドル、アメリカが三万四六三七ドル、香港、シンガポールに英・独・仏・豪といった国々が二万ドル強、ニュージーランドが一万ドル強で韓国が一万ドル弱、マレーシアが約四〇〇〇ドルでタイが約二〇〇〇ドル、フィリピンが約一〇〇〇ドルでインドが約五〇〇ドルである。[60] つまり中国は、およそ四半世紀に渡って高い経済成長を続けてきたものの、一人当たりGDPでは、未だに東南アジア諸国と同じ水準にしか到達していないのである。もし仮に、中国が現在のような高成長をこのまま続けたとしても、現在の日本の水準に達するのは、二十一世紀の半ばである。[61]

しかし中国国内には、極めて大きな所得格差がある。以前より資源問題については、インド人が一〇〇〇万人増えることより、アメリカ人が二〇万人増えることのほうが問題である、と指摘されている。[62] ならば、食料増産による環境劣化の問題を検討する際には、中国国内で圧倒的多数を占める低所得者層についての分析よりも、たとえ全体としては少数であっても、アメリカ型食生活が可能となる高所得者層について検討することのほうが重要であろう。

職業による所得格差については、例えばある調査では、私営企業経営者の年収がおよそ一六万元（約二四〇万円）、外資企業中間管理者が七万元弱（約一〇〇万円）、国有企業経営者が五万五〇〇〇元（約八〇万円）ほどで、人口に占める割合は、富裕層とされる年収二万元（約三〇万円）以上の者がおよそ一七％であるのに対し、年収三〇〇〇元（約四万五〇〇〇円）以下の者は一三％にのぼる。[63] 一般の工場労働者の賃金に関しても、都市によって大きな差がある。例えば二〇〇一年における月収をアメリカドルに換算すると、上海では一九〇〜二七九ドル（年収換算で一万八八七二〜二万七七二一元）なのに対し、大連では五七〜一二九ドル（五六六一〜一万二八一三元）で、同じ職種でほぼ同じ業務であっても三倍から五倍ほどの格差が生じている。[64]

次に、地域間格差を検討してみよう。[65] 現在目覚ましい経済成長を遂げているのは、中国東部の海に面した地域である。本章ではその地域をさらに南北に分け、南船北馬などの伝統的な文化を考慮しつつ、南部地域の広東省、福建省、浙江省、江蘇省、上海市を海洋中国、北部地域の北京市、天津市、河北省、遼寧省、山東省を大陸中国と呼称することにする。[66] 一人当たりＧＤＰについて見ると、大陸中国は九七二三元で全国平均より二割ほど多いが、海洋中国は一万六一三〇元で全国平均の二倍ほどの額に達している。さらに、中国国内で最も貧しい貴州省と比較すると、上海の都市部の一人当たり家計消費水準は、貴州省の農村部の約一四倍に達している。貴州省の農村における一人当たりの月平均支出は日本円で一五〇〇円程度であるから、所得の上昇が引き起こす穀物消費量の増大という視点から考慮すべき地域は、ほぼ沿海地域のみに限られよう。この二つの地域の人口は、海洋中国が約二億五〇〇〇万人、大陸中国が約二億八〇〇〇万人で、共に全人口の二割前後を占めている。この二つの地域の富裕層を上位一七％と仮定すると、両地域で約九〇〇〇万人となり、実に日本の四分の三の人口となる。ブラウンの予測と比べるとだいぶ小さな数字ではあるが、日本が世界の穀物輸入量の一割ほどを占めていることを考慮するならば、重大な懸念要因と言える。

（2）大陸中華文明と海洋中華文明の食文化

では、この二つの地域の人々は、どのような食生活を送っているのだろうか。周知のように、伝統的に各地域には、それぞれの地域の地質や気候、すなわち環境に根ざした食料生産の方法と、それによって生産された地元の食材を用いた食文化とがある。この食料生産の方法、種類、食文化との間の強固な連関を、本章では食体系[67]と呼ぶこととする。

この食体系の視点からラフに区分すると、以下のように言えよう。海洋中国では、温暖な気候とモンスーン気候による豊富な降水量に基づき、稲作を中心にしつつそれを漁労によって補うという食料生産の方法が採られている。それにより、伝統的な食文化は、米を主食として動物性タンパク質の多くを魚貝類に求める。一方、大陸中国では、降雨量が少なく気温が低いため、麦作を中心にしつつ、豚などの家畜を飼育する。それによって形成された食文化は、小麦粉を使用した麺や饅頭《マントウ》、包子《パオズ》、あるいは小麦粉の皮で包んだ餃子を主食とし、肉類を多く消費する[68]。つまり、大陸中国は小麦と肉類を消費する食文化で、アメリカ型食文化と基本的な食材が一致する。それに対し、海洋中国は米と魚貝類を中心とする食文化で、伝統的な日本の食文化と食材に関してはほぼ共通する。

では、このような分類を、数字で裏付けることができるだろうか。気候については、年間降水量は華南沿海地域が一六〇〇〜二〇〇〇㎜、長江流域が一〇〇〇〜一五〇〇㎜、華北と東北地域は四〇〇〜八〇〇㎜である。年間累積気温は、華北平原が四〇〇〇〜五〇〇〇℃（年平均気温は一一〜一四℃）、長江流域とそれより南の地域は五八〇〇〜六〇〇〇℃（年平均気温は一六℃前後）である[69]。

食料の種類別生産量は、海洋中国は全国の米生産量の四分の一を占めるのに対し、大陸中国は小麦生産量のおよそ三割を占める。海洋中国は一人当たりの米の生産が、大陸中国は小麦の生産が、全国平均よりも多く、際立った対照を示している。一人当たり生産量は、全国平均は米が一三六kgで小麦は七〇kgであるが、海洋中国はそれぞれ一七五kgと二八kg、大陸中国は二一kgと九七kgと極めて対照的である。肉類と水産物の生産量についても、明らかな相違が見られる。海洋中国は肉類の生産量は全国の約一六%を占めるに過ぎないが、水産物の生産量では約四五%を占めている。一人当たり生産量では、肉類の四二kgに対して水産物は八一kgとほぼ二倍に達している。一方大陸中国では、沿海地域であるにもかかわらず、一人当たりの生産量では、肉類五二kgに対し水産物は四二kgで、肉類が二割も上回っている。

もちろん、一人当たり生産量は一人当たり消費量と完全に一致するわけではない[70]。とりわけ、工業化が進んだ経済的に豊かな沿海地域の各市や各省は、他省から大量の穀物を移入しているであろう。だが、伝統的な食文化を合わせて考慮するならば、米と小麦、肉類と水産物の一人当たり生産量の比率は、一人当たり消費量の比率をそれなりに反映していると見て差し支えないであろう。ゆえに現在でも、海洋中国の主食は米中心で動物性蛋白質は水産物が主流を占めるのに対し、大陸中国は小麦と肉類が中心を占める食事であると言えよう。

ところで、戦後の日本や韓国が穀物輸入大国となったのは[71]、アメリカの政府と農業団体による積極的な働きかけによってアメリカ型食文化が流行したことにより、パン食の普及によって米の消費量が減少して小麦の消費量が増大したからである。加えて、もともと肉類の生産がほとんどなかった両国で肉や乳製品の生産のための家畜を大量に飼育するようになったため、飼料を自給することができず、大量の飼料用穀物を輸入することとなった[72]。

その事実に照らす時、今後の中国における穀物消費、ないしは穀物輸入の増大の最も重要な危険因子は、大陸中国におけるさらなる肉類消費の増加よりも、むしろ、海洋中国における食文化のアメリカ化である。既に早くも、中国が改革開放路線に転換してからまだ日の浅い一九八二年に、アメリカの農務長官ジョン・ブロックは、自国の余剰農産物問題の解決策の一助にすべく中国を訪問し、ドーナッツ人気が中国国内で高まることへの希望を表明している[73]。

現段階における海洋中国の食文化のアメリカ化がどの程度進行しているのかについて、明確な指標を提示するのは困難ではあるが、米の生産量の低下と、牛肉の生産量の増加が、一つの指標として挙げられよう。一九九一年から二〇〇二年にかけて、穀物生産量は三億九五六六万トンから三億九七九九万トンへと微増しているが、米の生産量は一億八三八一万トンから一億七四五四万トンへ五％ほど低下している[74]。一方牛肉の生産量は、一九九六年から二〇〇二年にかけて、三五六万トンから五八五万トンへ六四％も増加している。中国における食肉生産の大部分は豚肉であるが、この期間に生産量は三一五八万トンから四三一七万トンへ三七％増加しているものの、食肉生産量全体に占める割合は、六九％から六六％へと低下している[75]。

中国では、伝統的に豚の主要飼料として、人間の食用に適さない農作物の茎や葉などの残滓が用いられている。[76]つまり中国の養豚業では、穀物を飼料としてはほとんど用いていなかった。だが、牧草地が少なく伝統的に牛の飼育数が少ない中国で肉牛生産が増加すれば、日本や韓国同様、飼料用穀物の需要が急増し、ブラウンの危惧した状態が生じよう。[77]その上、中国はWTOに加盟したことによって、農産物への関税は一九九八年における二一・七％から二〇一〇年までに一五・七％に引き下げることが既に決定しており、さらに農産物への国内補助金は、中国政府がWTOにおいて強く主張したにもかかわらず、途上国並みの農業生産額の一〇％が認められず、八・五％でやむなく決着している。[78]そのためこれからの中国は、低価格のアメリカ産の小麦や飼料用トウモロコシの輸出攻勢に曝されることは明白であり、今後中国国内でますます強まるであろうアメリカ政府や農業界によるアメリカ型食文化の宣伝普及活動も考慮すれば、海洋中国における食文化のアメリカ化の進行は避けられないであろう。

（3）食文化の転換の必要性

前述したように、小麦生産は環境劣化を引き起こす。人類史上実に多くの文明が、麦作牧畜型農業の拡大によって環境を劣化させ、自らの首を自らの手で締める形となって滅亡していった。[79]既に環境問題では深刻な状況に直面している中国において、[80]もしこのまま日本や韓国と同様に食文化のアメリカ化が進行し、しかも増大する小麦や食肉の需要を、環境コストを無視した低価格のアメリカ産農産物に対抗しつつ国内生産で賄おうとすれば、環境の劣化はさらに激しく進行し、甚大な環境危機に陥ることが容易に予想される。

では、この問題に対する解決策として、いったいどのようなものが考えられるであろうか。私見では、食文化の見直しが重要である。小麦へと傾きつつある主食の中心を、再び米にシフトさせるのである。[81]

その問題を検討する際には、富裕層と庶民層とを分けて考える必要がある。富裕層に対しては、所得上昇の著しい彼らの嗜好を、アメリカ型の小麦・肉類中心の食文化から、海洋アジア型の米・魚貝類中心の食文化へと再転換を図る必要がある。現在、あるインターネットによるアンケート調査（したがって、一定以上の所得と学歴を持つ、主として三〇歳代前半以下の中国人が対象）によると、肉類をほぼ毎日食べる人々の比率が約七四％であるのに対し、魚貝類は約一八％である。[82]だが、富裕層が米・魚貝類中心の食文化を強く嗜好するようになれば、彼らの所得がいくら上昇しても、食料増産による環境劣化を引き起こしにくくなる。[83]この海洋アジア型の食文化の中には、もちろん上海料理や広東料理も含まれる。その再評価も当然重要ではあるが、多くの国々の富裕層は、物珍しい外国の料理を高級料理として認識して強く嗜好する傾向がある。したがって彼らに対しては、海洋型の日本の食文化を、日本が積極的に発信していくべきである。既に中国の一部の富裕層の間では、日本風の料理は「日式」と呼ばれて高い評価を得ている。[84]この評価をさらに高めつつすそ野を広げるためには、やはり、アメリカの農業界が行っているように、日本も官民一体となった広報活動を積極的に進めていくべきであろう。

近年、一部の識者は、漁業資源の枯渇や漁場の崩壊に対する懸念を表明している。実際、全世界の海面漁獲量は、一九九〇年代以降、九〇〇〇万トンほどで頭打ちとなっている。[85] しかし一部の高級魚を除き、漁業資源全体の減少は、人間の乱獲によるものとは言えない。なぜなら、現在、世界のクジラ類が一年間に捕食する海産物の量は、三億トン弱から五億トンと推計されているからである。一九八六年以降、ＩＷＣ（国際捕鯨委員会）の商業捕鯨一時停止決議によって、クジラの過剰保護が進み、その後の一五年ほどで、クジラ類の生息頭数は約二倍に増加したと推測されている。そのため、インド洋のセイシェルでは、延縄《はえなわ》にかかったマグロの三割が、オキゴンドウクジラに食べられてしまうほどの漁獲被害が生じている。他にも、カリブ海や北大西洋でも、クジラによる漁獲被害が深刻化している。[86] つまり、人間の誤った保護活動によって増えすぎたクジラ類が、人間が食べる量の三倍から五倍も海産物を食べ、漁場を荒廃させているのである。よって、クジラ類の頭数を適切に間引きすれば、漁業資源はこれからも充分に存在する。仮に、クジラ類の頭数を三割削減しただけで、人間の漁獲量を二倍以上に増やすことが可能となる。つまり漁業は、適切な資源管理さえ行えば、海洋環境を保全しながら、まだまだ増産することが可能なのである。

次に、庶民層に対しては、米と小麦の価格の調整が重要である。両者の一九九九年における一トン当たりの国際価格は、米の三〇四ドルに対し小麦は一一七ドルである。[87] この価格差ゆえに、低所得に苦しむ庶民の中には、米の消費を押さえて小麦の消費を増やす者もいる。だが米価が高いのは、水田の建設や修繕のための費用が米価に含まれているからであり、前述のように水田は、土壌破壊や洪水を防止し、水資源を涵養するなど国土保全機能を有する。つまり米価には、環境コストが自動的に組み込まれているのである。一方小麦は、環境劣化を引き起こしているにもかかわらず、それを回復するための費用、すなわち環境コストが、栽培費用に含まれていない。よって、米と小麦の価格の差額こそが、環境保全のための費用であると言えよう。

したがって米と小麦の価格の調整は、小麦に対して環境保全税をかけ、そこで徴収した税を資金として、米に対して環境保全補助金を与えれば、理論的には米と小麦の価格差はなくなり、伝統的に米を消費していた海洋中国での、庶民層における小麦へのシフトを押さえることができる。それは、食文化において、小麦・肉類型の大陸中華文明、あるいはアメリカ文明までも含めた広義の大陸文明の拡大を、米・魚貝類型の海洋中華文明、ないしは海洋アジア文明が阻止することを意味しよう。

もっとも、小麦への課税に対しては、低所得者層を飢餓に追い込む、との批判が当然出てくるであろう。だが近代以前の世界中の多くの文明が、環境コストを無視して低価格の小麦を栽培したがゆえに、自然環境を維持できる数以上に人口が増大し、その人口を養うべく農地を拡大するために森林を伐採して開墾し、その上、燃料や建築資材などとして森林資源を食い尽くしたために滅亡した。[88] つまり、環境コストを無視した低価格穀物が人口爆発をもたらし、その人口危機が環境危機をもたらして、幾多の文明を消滅させてきたのである。[89] ゆえに、環境危機の問題の根源が、環境コストが自動的に包含されることのない小麦を中心とした食料生産と、それに基づいた食文化にある以上、小麦・肉類型食体系の大陸文明から、いかにして米・魚貝類型食体系の海洋文明へと、文明の主流を転換していくのかが、我々の取り組むべき重要課題なのである。

4 結論

(1) 儒教と仏教の森林観

それでは、大陸文明から海洋文明へと転換すれば、それだけで、環境危機が避けられるのであろうか。いや、それだけでは充分ではあるまい。なぜなら海洋中華文明は、米・魚貝類型食体系であるにもかかわらず、多くの森林資源を食い尽くしてきたからである。(90)

例えば、一九世紀後半から二〇世紀初頭にかけて、福建を起点とするある華僑ネットワークは、それまで地元の福建で行ってきた陶磁器等の商品生産から撤退して生産拠点を東南アジアに移したため、手工業等の職を失った多くの福建人が海外へ移民として流出した。(91)

このような陶磁器の生産拠点の移動は、経済学に環境という視点を組み入れて見るならば、福建の森林資源が減少したために陶磁器を焼くための木材価格が上昇し、それに伴い陶磁器の生産コストが値上がりしたため、森林資源が豊富で燃料の木材が低価格で入手できる東南アジアに拠点を移動させたのだと考えられる。このように、いくつもの拠点を持ち、それらの拠点を費用対効果などによって次々に増設あるいは廃棄させつつネットワークを維持する独特の華僑ネットワークを内包する海洋中華文明に属する人々は、一定の地域への永住や自給自足を前提としていないため、環境保全に対する認識は概して低い。

いや、そもそも、中華文明の基層の一つであり、エートスの一部をなすと考えられる儒教には、環境危機に対する意識の低さが窺われるエピソードがある。それは、『礼記』の「檀弓下第四」の中の人喰い虎の話である。孔子が弟子と共に通りがかった山東省の山麓のある村では、村人が頻繁に人喰い虎に襲われ死者が出ていた。にもかかわらず村人は、その村を捨ててよそへ移住しようとはしない。それをいぶかしく思った弟子に対して、孔子は「苛政は虎よりも猛なり」と曰った。[92]

孔子は理解していなかったようだが、本来奥深い森に生息しているはずの虎が、なぜ里に住む農民を喰い殺すのか。それは、人間が森林を伐採して、かつて森だったところに畑を作り村を作って住むようになったからである。[93] つまり、虎が人を喰い殺すのは、森林伐採の結果として生じたものであり、人喰い虎の出現は、森林を破壊し環境を破壊する人間に対しての、いわば、自然の側からの警告なのである。

このような孔子の、あるいは儒教の、環境破壊に対する鈍感ぶりと対照的なのが、同様に人喰い虎が登場する仏教説話「捨身飼虎」のエピソードである。[94] 釈迦の前身であるサッタ太子は、森の中で見かけた飢えた虎を哀れに思い、自分の身体を虎に喰わして、つまり自分の命を犠牲にして飢えた虎を救う。

　現実世界において、虎が人を喰う原因が森林破壊にある以上、この説話の中の「虎」は「森（自然環境）」と捉えることが可能であり、よって、飢えた虎とは、破壊されて荒廃した森を意味する暗喩であると解釈できる。この説話が意味するのは、人間の命を捨ててでも森を救わねばならない、という仏教思想の環境問題に対する強烈な意思表示であると読みとれる。実際、植林という発想の欠如した地域や時代においては、森を救うためには、森林伐採による農地の拡大を断念しなければならない。しかしそもそも、なぜ農地を拡大するのか。それは、増大した人口を養うためである。あるいは、気候の寒冷化や乾燥化に対応するためである。釈迦や孔子が活躍した時代は、世界的に気候変動が生じた時期であった。(95)平均気温が下がれば、農作物は不作となり、農業生産性が低下する。面積当たりの収穫量の低下を補うために、当時の人々が森を開墾して農地を拡大したのは、想像に難くない。

　したがって、仏陀が生きた当時のインドにおいては、森林保護を選択した場合には、一部の人間の餓死を受け入れなければならなかったはずである。つまり森を救うためには、人間の命を犠牲にしなければならなかった。しかしたとえ自分の命を犠牲にしてでも、森は救わなくてはならない。なぜなら近代以前においては、燃料用薪炭の供給源であり、かつ水源涵養機能を持つ森を食い尽くしてしまった文明は、必ず消滅したからである。(96)つまり、森を救うことは、文明を救うことなのである。

このような時代を生きた仏陀やその弟子達は、森と文明の消滅の危機が間近に迫っていることを、敏感に感じたのであろう[97]。だからこそ文明を救うために、それはとりもなおさず、インド世界に住む多くの人々の命を救うことを意味するわけであるが、あえて自分自身の命を犠牲にして、虎=森を救う、との強い決意表明を、説話や絵画という形で表現したのであろう。そのように考えると、肉食を禁じたことも含めて、仏陀はまさしくエコ・シンカーであり、自然保護、環境保全の思想が深く息づいている仏教こそ、まさにエコ・レリジョンと言えよう[98]。

(2) 森の文明と文明間の融合

比較文明学の大家である伊東俊太郎東大名誉教授よると、文明の構造は、エートスなどを含む文化の部分としての内核と、制度、組織、装置からなる外殻とによって成り立つ[99]。では、海洋中華文明、ないしは海洋アジア文明の内核部分となるエートスに仏教を導入すれば、それで充分なのであろうか。いや、それでもまだ充分ではあるまい。なぜなら仏教思想が持つ環境保全や森林保全の思想は、当時としては斬新であっても、環境危機にある現代世界から見ると消極的であると言わざるを得ない。これからの時代において真に必要となるのは、森を育てるという考え方である。

この思想を持つものこそ、縄文文明[100]のエートスを現代に橋渡ししている神道である。かつて森の世界で生きた縄文人達は、栗や胡桃《くるみ》や橡《とち》の木を植えた[101]。木を植える縄文人のその生き方は、

『日本書紀』の中で神が木を植える話として、あるいは『万葉集』の歌に詠まれて受け継がれ[102]、さらには神道において御神木や鎮守の森を守り育てることとして受け継がれてきた[103]。そのようなエートスが背景にあったがゆえに、日本の農民達は、森林が少し荒廃して河川が氾濫するたびに、あるいは米作りのための水を作り出すために、長年に渡ってコツコツと山に木を植え続けてきたのである[104]。加えて、日本人は海岸にも木を植えてきた。海から吹く強風が砂浜の砂を吹き上げて、砂嵐のように沿岸地域を襲うのを防ぐためである。それによって生まれたのが、「白砂青松」の日本的な美しい海岸風景である。木を植え森を育てることによって形成された豊かな土壌は、日本の農業を豊かにし、川によって海に運ばれた土の養分が、日本近海の漁場を豊かにした[105]。このような豊かな森によって育まれた美しい日本の国土を背景に構想されうるのが、文明間の衝突をもたらす善と正義の文明の対極に位置する「美の文明[106]」であり、美しくかつ豊かな「森の文明[107]」によって構築されうるのが「美と慈悲の文明[108]」であろう。

よって今後、環境と農業をめぐる文明間の衝突を避け、諸文明が共存しつつ環境危機を回避していくためには、文明と文明が融合しつつ発展していく時代を創造しなければならない[109]。これからの海洋アジア地域においては、神道と仏教のエートスを内核部分に内包している日本文明の森の思想を、すなわち森林文明を組み入れつつ、海洋の中華文明やインド文明を包含しうる、森と海の文明としての海洋アジア文明を構想[110]していくことが必要となるのである。

第二部　文明と地球環境との衝突は如何にして回避し得るか

第四章　森林経営の諸類型と地球環境問題

1　問題の所在　現代文明も、森林破壊で滅亡するのか？

現在、地球環境問題で、最大の課題は、地球温暖化であろう。地球の気候は、太古の昔より、温暖化と寒冷化を繰り返している。そのため、現在の温暖化の主要な原因が、化石燃料の消費によって発生する二酸化炭素であるか否かには、諸説がある。[1]

しかしいずれにせよ、現在の気温が、縄文時代中期や、中世温暖期よりも低いことを考慮するならば、今後の地球が温暖化していくのは間違いない。そもそも欧州では、十三世紀から十四世紀にかけて四度近くも低下して近世の寒冷期に突入したが、その寒冷期の中で、さらに気温の低下した第二小氷期の英国において、庶民の暖房用燃料として石炭の需要が急増し、それが契機となってエネルギー革命が生じ、それが世界最初の工業化である英国産業革命の背景となった。[2]

よって今後、人類が排出する二酸化炭素をいかに削減しても、自然現象の範囲内の温暖化は、防ぐことはできない。この温暖化は、多くの地域で降雨量の減少をもたらす。そして、淡水資源の減少は、食料、とりわけ穀物生産の減少をもたらす。

加えて、現在急速に進みつつある森林面積の減少は、温暖化と、淡水資源や穀物生産の減少を、さらに加速させる結果となる。なぜなら、多くの二酸化炭素を吸収している森林が減少することは、地球全体の二酸化炭素吸収量の減少を意味するからである。また、森林には、降水を地下に貯えることによって、地下水や河川の水量を増やす水源涵養能力がある。その森林が減少すると、降水は地下に貯えられず、表土を削り取りながら濁流となって短期間で海に流出してしまうため、人間が利用できる淡水資源が減少することになる。さらにその濁流は、多くの栄養分を含んだ地表の土壌を削り取るため、そうした土壌流出地域では農業が困難となり、沙漠化が進行してしまう。つまり、自然現象としての温暖化が進行する状況下において、森林面積の減少は、温暖化とそれに伴う淡水資源と食料の減少を、さらに加速させてしまうのである。

では、こうした地球環境問題の将来について、具体的なものとしては、どのような予測がなされているのだろうか。

その最も有名なものに、著名な実業家、政治家、科学者らからなるローマクラブが一九七二年に刊行した『成長の限界』がある。同書は、地球環境には量的限界があること、それゆえに、人口増加と経済成長をこのまま続けた場合、現代文明の永続が困難であることを明らかにし、世界に衝撃を与えた。その後、一九九二年に、同じ著者らによってデータが更新され、現代文明の将来が再シミュレーションされたが、近年再び、最新データに基づいてシミュレーションが行われた。[7] それによると、現代文明は一九八〇年代以降、地球の扶養能力を超える量の各種資源を消費し、地球が吸収浄化可能な量を超える汚染を排出し続けている。つまり現代文明は、既に持続可能な量を超える消費と排出を続けていると言うことである。

では、こうした持続不可能な消費と排出は、いつまで続けることができるのか。言い換えるならば、現代文明が限界に直面して存続不可能となるのは、いつなのか。

人間の生存に必要不可欠な淡水資源の消費については、既に現時点で、過剰消費のため、コロラド川、黄河、ガンジス川、インダス川、ナイル川などの、米、中、印、エジプトといった人口大国の大河川で、一定期間の断流や水量の激減が生じている。アメリカの灌漑農地の五分の一に給水しているオガララ帯水層は枯渇し始め、これまでに一〇〇万ヘクタールの農地で灌漑が不可能となった。インドのパンジャブ州などの農業地帯でも、地下水位が半メートルずつ毎年低下し続けている。中国の黄河の年間流量は、この半世紀間に三分の一に減少し、断流の年間日数は一九九七年に延べ二二六日間を記録した。今後の人口と水需要の増加を考慮すると、二一〇〇年までに、地球規模での深刻な淡水資源の限界に直面すると、予測される。[8]

また、森林資源については、熱帯林は一部の保護されているものを除き、森林消失速度が現在と同じスピードの場合は約一〇〇年、途上国の人口増加率を加味した場合は約五〇年で消滅する。[9]

つまり、人類の生存に欠かせない淡水資源や森林資源は、二十一世紀中には限界に直面する。ではその時、現代文明はどのような危機に陥るのか。

その最も悲観的な予測の一つに、国際日本文化研究センターの安田喜憲教授が提示したものが挙げられる。安田教授によると、二十一世紀前半に限界に直面した現代文明は、資源の枯渇、とりわけ水資源の枯渇によって大量の環境難民を発生させ、それは、稀少となった水資源や食料をめぐっての戦乱を発生させる。二十一世紀の中頃には、一人当たり保有量で、食料は現在の三分の一以下、化石燃料や淡水は十分の一以下にまで減少し、二十一世紀後半に現代文明は崩壊してしまう。[10]古代ギリシャ文明からイースター島の文明に至るまで、崩壊した文明の多くは、森林破壊に伴う淡水資源と食料の減少によって、限界に達した直後から戦乱を多発させ、比較的短期間の内にカタストロフィ（破局）を迎えて滅亡した。[11]そうした過去の文明の歴史的経験を踏まえるならば、安田予測は、決して非現実的とは言えまい。

限界に直面する時期については異論もあろうが、いずれにせよ、地球の扶養能力に限界がある以上、このまま森林面積の減少が進行すれば、現代文明は崩壊の危機を迎えるに違いない。それでは、森林破壊を防ぎ、文明を存続させるには、どうすれば良いのか。

本章の目的は、その一助となる考察を、理論的側面と歴史的側面から取り組むことにある。

2　コモンズに関する理論的考察

（1）市場原理主義と森林破壊

現在、世界的に進行する環境破壊を理論的に考察する上で、欠かすことのできない最も重要な研究者が、ガレット・ハーディンである。彼は、一九六八年に発表し、世界的に論争を呼んだ代表作「共有地《コモンズ》の悲劇」の中で、環境破壊が不可逆的に進行する理由について考察した[12]。彼が例として取り上げたのが、近世英国の共有牧草地の荒廃についての歴史的事例である。共有牧草地が不可逆的に荒廃していくそのメカニズムについては、あとで詳しく検討するが、ハーディンは、近世英国の場合、共有という制度を廃止し、全ての牧草地を囲い込み運動《エンクロージャー》によって分割私有化することにより、牧草地の荒廃はようやく停止し、保全することが可能となった、と主張した[13]。

ハーディンの論文は、政府の役割や公共部門の縮小を志向する市場原理主義者や新古典派経済学者に、貴重な論拠を与えることとなった。彼らは、環境を保全するためにも、公有地や共有地の分割私有化を進めるべきだ、と主張するようになったのである。

その結果、一九八〇年代以降、「共有地の悲劇」を回避するとの名目で、共有地というシステムそのものを廃止するべく、共有地の分割私有化と、より一層の自由化や規制緩和が、世界的に進行した。その先進国における典型が、アメリカのレーガン大統領、イギリスのサッチャー首相、日本では中曽根・小泉両首相が精力的に推進した諸政策である[14]。

一方の途上国では、それまで公有や共有であった森林地域が分割私有化されてしまったため、中南米では肉牛用の牧草地とするため、東南アジアでは材木やパルプにするため、そしてアブラヤシなどのプランテーションを造成するため、熱帯林の伐採が急速かつ大規模に進行した[15]。とりわけ中米諸国では、世界銀行や米州開発銀行といった、新古典派経済学の理論に基づき、市場経済化と自由貿易を推進している国際機関が、欧米向け輸出用牛肉を生産するための牧場の造成に、資金を積極的に援助した。それらの牧場は、熱帯林を伐採して造成された。熱帯地域の土壌は表土が薄く、雨期には集中豪雨があるため、森林が皆伐された地域では、土壌は短期間に大量に流出する。そのため造成された牧場の多くは、五年で生産力が五分の一にまで低下し、十年ほどで全ての表土が流出して岩だらけの沙漠と化した。牧場主である地主層は、沙漠化した牧場を放置したまま、次々に熱帯林を皆伐して新たな牧場を造成し続けた。なぜなら、人件費の安い中米諸国で粗放的に生産された牛肉は価格が安いため、欧米のファーストフード用として需要が増加したからである。そのため中米諸国では、生産された牛肉の三分の一から三分の二ほども輸出された。中米におけるこうした環境破壊の連鎖は、ハンバーガー・コネクションと呼ばれている。[16]

このように、ハーディンの発表した論文は、市場原理主義者や新古典派経済学者らによって、グローバリズムや市場主義を世界的に推進させる結果となり、環境破壊を進行させてしまったのである。

もっとも、コロンビア大学のバグワティ教授[17]は、グローバリゼーションは、本来、環境破壊を引き起こすものではない、と主張している。だが彼をはじめとして、新古典派系の経済学者にしばしば見られるのは、環境問題と資源問題との混同である。資源問題に関する新古典派的な見解は、以下のようなものである。

ある資源が減少すれば、市場への供給量も減少するはずである。供給量が減少すれば価格が上昇するが、それに伴い需要が減少し、その資源の無駄遣いが減って節約されるようになる。その資源の供給量がさらに減少すれば、価格がさらに上昇するので、より安価な代替財が開発されて市場に供給されるようになる。それによって、その資源の枯渇は回避されるはずである。

確かに、近世から近代にかけての英国では、森林資源が枯渇したため、薪の代替財として石炭が見出され、市場に大量供給されるようになった。石炭には硫黄分が含まれるため、当初は、産業用としてはガラス製造程度にしか利用できなかった。だが十八世紀半ばに、エイブラハム・ダービーによって硫黄分を除去する技術が開発され、石炭は製鉄業にも利用可能となった。つまり、完全に薪の代替財としての機能を、果たすことが可能となったのである[18]。

それでは、石炭という代替財が出現したことによって、近代の英国は、森林を保全できたのであろうか。英国の森林被覆率は、二十世紀初頭には、わずか五%しかなかった。その後増加したものの、現在（二〇〇二年）でも一二%、イングランドのみでは九%にすぎない[19]。つまり近代の英国では、森林は完全には消滅しなかったものの、消滅に近い状態にまで至っていたのである。

しかも、現在はグローバル時代である。途上国の熱帯林は、何らかの規制を加えないかぎり、完全に消滅してしまう可能性も充分にある。なぜなら、先進国と比べて圧倒的な低労賃で伐採される途上国の熱帯林の材木価格は、先進国の物価水準から見ると、その国の熱帯林が完全に消滅するまで、圧倒的に低価格であり続けるからである。例えば戦後の日本では、国内の人件費が上昇したため、国内の人工林から生産される材木も高価格となり、そのため国内の森林資源は、再生能力以下しか消費されなくなった。その一方で、東南アジアの熱帯林を低労賃で伐採して生産された材木は、低価格ゆえに日本国内に大量の需要が発生した。その結果、熱帯林は再生不可能なほど大量に伐採されて日本に輸出されるようになり、現在に至っている。戦前から材木を日本に輸出していたフィリピンの場合、一九六四年までアジア最大の材木輸出国であったが、一九八〇年代末には材木輸入国となってしまい、現在では熱帯林の多くが消滅してしまっている。マレーシア、インドネシアなどでもかつてのフィリピンと同様に、輸出用材木の過剰伐採が契機となり、熱帯林の消滅が急速に進行している。[20]

このように、新古典派経済学に任せていたのでは、世界の森林は保全できないどころか、消滅に向かって突き進むことになる。その上、熱帯林が皆伐された土地は、土壌の激しい浸食や表土の固結によって短期間で不毛化するため、消滅した熱帯林を植林によって再生することは極めて困難である。また、熱帯林に生息する数多くの貴重な生物種は、熱帯林の消滅と共に絶滅する。その生物種が持つ遺伝子情報が、人類に有用な医薬品の開発などに利用可能であることは、近年つとに指摘されているとおりである。[21]

いったいなぜ、このような結果が生じてしまったのであろうか。ハーディンの理論が、根本的に誤っていたのであろうか。実はハーディンは、既に論文中で、分割私有化されても、森林や環境が保全されず、かえって荒廃が進んでしまう場合があることを、指摘している。[22]つまり、分割私有化を世界中で推進した市場原理主義者や新古典派経済学者らは、ハーディンの研究の一部を、都合よく利用したにすぎなかったのである。

（2）ハーディン理論の再考察

それでは以下に、環境問題に関するハーディンの研究全体について、再考察していこう。

まず、環境破壊が不可逆的に進行する理由を、理論的に考察した代表作「共有地《コモンズ》の悲劇」を検討しよう。彼はこの論文中で、一人一人の牧夫が自由に私益を追求して牛の飼育頭数を増やしていくと、共有牧草地が養える頭数以上に牛が増加してしまい、やがて共有地の牧草は再生不可能な水準まで食べ尽くされて消滅してしまうことを、指摘した[23]。つまり、個人の自由な私益追求の結果、過剰放牧による砂漠化が、すなわち環境破壊が、生じてしまうのである。

この「共有地の悲劇」が発生するメカニズムは、次のようなものである。それぞれの牧夫が、牛の飼育頭数を増やすことによって得る利益は、全て自分個人のものとなる。対して、過放牧によって生じる牧草地の劣化による損失は、全ての牧夫全員に平等に配分される。そのため、一人一人にとっては、飼育頭数の増加による利益は、それによる損失を上回るため、全ての牧夫は飼育頭数を増やす選択をし、その結果、共有地は荒廃してしまう。

具体的に考察してみよう。ある共有牧草地の限界動物扶養数は、牛一〇〇頭である。その共有地を利用する牧夫は一〇名おり、当初はそれぞれが牛一〇頭ずつ、合計一〇〇頭飼育していた。

その共有地で、もし一〇一頭の牛を飼育すると、過放牧となって牧草地の荒廃が始まり、一頭当たりが食べることのできる牧草の重量が減ることによって、一頭当たりの体重は一％減る、とする。

この場合、一〇一頭の牛の総体重は、一〇〇頭飼育した場合の九九・九九％である。つまり、誰かが自分の飼育頭数を一頭増やすと、総牛肉量は〇・〇一％減少するのである。しかし一〇一頭目の飼育を始めた牧夫は、一〇頭のみ飼育していた場合の一〇八・九％の牛肉を生産することができる。個人の利益と全体の利益が相反するため、全ての牧夫は全体の利益を顧みることなく、自分の飼育頭数を次々に増加させていく。その結果、過放牧により共有地の牧草は、最終的には全て消滅することになり、全体の利益がゼロになるという悲劇が生じてしまう。

前述したように、一九八〇年代以降、世界各国で、こうした「共有地の悲劇」を回避するために、共有地というシステムそのものを廃止し、全ての共有資源を分割私有化すべきである、との主張がなされるようになった(24)。なぜなら、分割私有化されてしまえば、個人の経済活動によって生じる損失は、全て本人が受け止めなくてはならない。例えば、先の牛一〇〇頭を限界扶養数とする共有牧草地を、一〇人の牧夫が分割私有化した場合、各牧夫は、自分の私有地で牛を一一頭飼育すると、一〇頭のみ飼育していた時よりも、生産できる牛肉量は一％減少する。ゆえに、分割私有化がなされれば、諸個人は収奪的な資源利用を控えるはずだと、期待されるからである。

だが分割私有化は、収奪的な資源利用を常に回避させるのだろうか。ハーディンは、以下のよ

うな考察も行っている。(25)

ある森林の所有者が、木材を販売することにした。成長した森林の材木価格は、一エーカー当たり一〇〇〇ドルで、森林が成長するのに四〇年かかる。この場合、森林所有者には、二つの経営上の選択肢がある。

一つは、持続的な森林経営である。毎年、所有地の四〇分の一にあたる森林を伐採して材木を売却する。伐採後の土地に植林を行えば、この所有者の森林は半永久的に持続し、周辺の環境も保全される。こうした部分伐採による持続的森林経営から得られる収益は、毎年一エーカー当たり二五ドルである。

もう一つの選択肢は、資源収奪的な経営戦略である。自分の所有地の森林を皆伐してハゲ山にした場合、売却した材木は一エーカー当たり一〇〇〇ドルになる。その一〇〇〇ドルを利潤率五％で運用できる別の土地に投資すれば、毎年五〇ドルの利益を得ることができる。

個人の私的利益を自由に追求する森林所有者は、果たしてどちらの選択肢を選ぶだろうか。もちろん皆伐である。もしその森林所有者が、皆伐で得た一〇〇〇ドルを別の森林の購入に充て、その森林も皆伐して五％の利潤を上乗せした一〇五〇ドルで材木を売却し、そこで得た資金の内一〇〇〇ドルをさらに別の地域の森林の購入に充てることを、繰り返したとする。このような、新たな森林購入と皆伐を繰り返す資源収奪的な経営は、持続的な森林経営の二倍の利益を、地球の全ての森林を伐採してハゲ山にするまで、毎年もたらすことができる。

こうした資源収奪的森林経営は、言うまでもなく、甚大な環境破壊をもたらす。森林を皆伐すると、土壌の多くが流出してしまうため、その地域では植林が困難となって林業が不可能になるのみならず、農業までもが不可能になる。流出した土壌は川を汚して海に流れ込み、河口周辺の漁場を壊滅させる。加えて、今までは森が生み出す滋養が川を通じて海に注ぎ、豊かな漁場を沿岸の周辺地域に形成していたが、その滋養自体が消滅したため、近海漁業までもが大打撃を被る。実際、東南アジアの熱帯林を大量に伐採して、材木輸出で利益を得た華人系企業は、アマゾンやアフリカでも伐採事業に乗り出しているが、それらの業者によって皆伐された地域では、大量の土砂が流出して下流域では洪水が頻発し、環境が著しく破壊されている。[26] また、前述の輸出用牛肉の生産を目的とした中米における熱帯林破壊の進行も、まさにこうした資源収奪的経営の典型例の一つである。

ハーディンはこうした事態を避けるため、個人の自由な私益追求は制限されなければならない、と結論づけた。彼によれば、私有財産とは、個人が自由に使用できる所有物なのではなく、その個人が管理を委ねられた委託物なのである。[27]

とは言え、ハーディンの主張のように、自由な私益追求を認めてしまえば、資源収奪的経営が多くなり、自然環境を守ることは困難となるのであろうか。逆に、自由な私益追求を禁止して規制を強化すれば、環境保全型の持続的経営となり、自然環境は保全できるのであろうか。

ここで考慮に値するのは、自由な私益追求を広範囲に認めてきた自由主義諸国よりも、自由や私益追求を大幅に制限し、公益の追求を目指してきたはずの社会主義諸国において、より深刻な公害問題や環境破壊が引き起こされてきた点である。

例えば社会主義時代の旧ソ連工業地帯アストラハニでは、酷い大気汚染のため、子供達が幼稚園に通うのにガスマスクを着用していたほどであった。また、社会主義時代の東欧諸国の公害も極めて酷く、硫黄酸化物や粉塵、雨雪の酸性度などの大気汚染の数値は、西欧諸国よりも一桁多いほどであった。だが、自由主義国家となった現在では、三割から五割ほども好転している(28)。

また、東南アジア諸国では森林の多くが国有化され、伐採に対して厳しい規制が設けられたが、その成果は芳しくない。例えば戦後のフィリピンでは、年間許容伐採量が決められ、その上、胸高直径五〇センチメートル以上の有用樹のみを択伐すること、つまり一部の木々のみを選んで伐採することが法律上義務づけられた。だが実際には守られず、森林の再生能力を無視した大規模な伐採が行われた。その結果、現在では森林面積は国土の五分の一以下となり、伐採地域の多くが草地化したため、国土の三分の一を草地が占める状態である(29)。

このように、途上国では、政府機関の取締能力が低いこともあり、森林の国有化を行っても、持続的な森林経営にはならず、森林を保全することは困難な状態である。

つまり、現代の世界では、私有化でも共有化でも公有化でも、森林破壊が進行しているのである。それでは、我々は、如何なる方法で、森林を保全すれば良いのか。その答えを探るべく、資源収奪的森林経営と持続的森林経営の二種類の歴史的事例を、次節において検討したい。

3　近世における森林経営の考察

（1）イースター文明と森林の消滅

資源収奪的森林経営の歴史的事例は、古今東西において、極めて多い。かつて栄えた多くの文明は、森林破壊によって滅亡した。[30]

その例として、近年、イースター・モデル[31]として注目を浴びているイースター文明について概観してみよう。[32]

イースター島には統一政権は存在しなかったものの、それぞれの領地を治める十二ほどの部族は、島内に偏在する黒曜石や玄武岩、農産物や海産物といった各種資源を、島中に流通させ、長期間に渡って平和的に共存していた。そして、最大で八十八トンにも達する、現代の起重機を用いても作業が困難なほどの巨大な石像であるモアイ像を建設するなど、独自の文明を築きあげ、繁栄を謳歌していた。

だが、イースター文明は、人口増加に伴う食料増産や、モアイ像の大量建設や運搬のために、森林を伐採し尽くし、十七世紀にカタストロフィ（破局）に直面した。森林破壊によって土壌が流出し、農業生産量が低下した。森林資源の消滅によって外洋漁業用の大型カヌーを建造することができなくなり、漁獲量も低下した。その結果、一六八〇年頃より内乱が頻発、人肉の獲得を目的とした部族間戦争を繰り返し、人口崩壊現象が生じて文明は滅亡した。最盛期には三万人に達したと推測されるイースター島の人口は、十九世紀半ばには、わずか三〇〇〇人程度にまで減少した。クック船長が一七七四年にイースター島を訪れた段階では、モアイ像はまだ半分ほど立っていたが、一八四〇年頃に、最後のモアイ像が部族間戦争により打ち倒された。

　イースター文明は、モアイ像の建設などの土木事業により経済を成長させた。モアイ像建設には、他文明における大規模土木事業と同様、富ないしは食料の再配分といった機能があったはずである。ゆえに、モアイ像建設に代わる新たな食料再配分システムを構築するか、あるいは、富の偏在を調整するようなより抜本的な社会システムを構築しない限り、モアイ像建設を中断することは困難である。なぜなら、モアイ像建設の中断を余儀なくされた部族は、部族内の貧困層が、餓死しかねないからである。だからこそ、イースター島の諸部族は、森林資源の枯渇により、木《こ》呂《ろ》などに用いるモアイ像の運搬用材木の不足によって、モアイ像の運搬が不可能となった後も、採石場から巨石を切り出し、モアイ像を彫り続けたのである。だが、こうしたモアイ像大量建設は、環境を著しく破壊することになり、イースター島の生態系の扶養能力は、大きく低下した。

　その結果、減少した食料を求めて殺し合いが生じ、さらには、人間が人間を喰うために殺し合う、殺人カニバリズムが横行するに至った。文明史上、まさに最悪のケースであろう。だが、前述の安田教授が危惧するように、このままでは、現代文明も同様の結果を迎えるかも知れない(33)。

　なぜなら、近代西欧文明と、その延長線上にある現代文明は、イースター文明と同様に森林を食い潰し、環境を破壊しているからである。近代西欧文明がイースター文明のようにカタストロフィを迎えなかったのは、十八～十九世紀において、燃料を薪炭などの森林資源から、石炭などの地下資源に転換したからである。つまり、近代西欧文明は、技術的なブレイク・スルーにより、燃料不足と森林消滅の問題を同時に回避し、文明崩壊の危機を、先送りすることに成功したのである。

では現代文明も、科学技術の発展による新エネルギーの開発などにより、文明崩壊の危機をさらに先送りにすることができるのであろうか。エネルギー問題に関しては、そうした可能性もある。だが、食料問題や淡水資源の問題は、そう簡単にはいくまい。前述のように、現在の地球は温暖化しつつあるため、今後は、一部の地域では降水量が減り、淡水資源の絶対量が減少することになる。にもかかわらず、人類の人口は、途上国を中心にまだしばらく増加し続けることが予測されており、人口増加が止まるのは、一〇〇億人に達した二〇七〇年頃である。(34)

人口は増加し続けるが、地球温暖化により淡水資源は減少する。当然、一人当たりの淡水資源の保有量が減少する。淡水資源が減少すれば、穀物などの主要食料の生産量も低下せざるを得ない。その上、熱帯林などの森林資源の過剰伐採は、淡水資源をさらに減少させてしまう。加えて、グローバリズムの浸透により、淡水資源や食料に関して市場原理が貫徹すれば、市場原理の下では、資源は稀少になればなるほど価格が上昇するため、人類全体としては充分な量の淡水や食料があったとしても、価格が高すぎて貧困層には手が届かなくなる可能性もある。そうした事態が生じれば、階級間、国家間、文明間の衝突が頻発する状況が生じ、まさにイースター文明の末路と同様となってしまう。

つまり、水問題や食料問題は、科学技術だけでは解決しないのである。だが幸いなことに、同時期の近世において、持続的森林経営を行っていた国もある。その代表が、我が国、日本である。だがその検討の前に、資源収奪的森林経営と持続的森林経営が併存していた国の例として、近世期の中国を検討したい。

（2）中華文明の森林への対応

清朝時代の中国では、棚民《ほうみん》(35)と呼ばれる山間地帯への移民が、森林資源を次々に食い潰していた。この時期の中国では、単位面積当たりの収穫量が麦よりも多い新大陸原産のトウモロコシの普及により、人口爆発が生じていた。激増した人口の一部は東南アジアへと流出して華僑となり、一部は山間地帯へ移民し棚民と呼ばれるようになった。

棚民は高額な契約金を支払い、山林地主から期限付きの自由な山林経営権を得ると、山地の森林を皆伐して木材を売却した。売却不可能な雑木はキクラゲやシイタケを栽培する、ほた木に用いた。三年ほどでキノコ類の生産量が落ちてくると、ほた木を焼いてその灰を肥料として伐採跡地にまき、トウモロコシ、タバコ、それにアヘンを採取するケシなどを栽培した。わずか数年でその山地の地力を使い果たすと、ハゲ山となったその山地を放棄し、別の山地へ移動して同じことを繰り返し、資産を形成していった。

つまり棚民は、典型的な資源収奪的森林経営を行っていたのである。中国の環境が荒廃し、森林被覆率が大幅に低下したのは、多くの人々が、こうした個人的かつ短期的な経済合理性を、長年に渡って追求してきた結果であった[36]。

こうした山地での森林破壊は、多くの水害を引き起こした。中国は古来より大規模水害の多い国であるが、清朝末期には、政府の財政窮乏化により、河川の浚渫ができなくなったこともあり、黄河の大氾濫(一八八八年)が生じ、二〇〇万人とも推計される死者を出した。十九世紀後半の中国は、ほぼカタストロフィに近い状態であり、太平天国の乱などの多くの内戦と、各種自然災害や飢饉とにより、六〇〇〇万人とも八〇〇〇万人とも推計される人民の大量死を引き起こし、人口も一八四〇年の約四億人から一八七三年には三・五億人へと減少した[37]。

その一方で、中国は漢の時代より、王朝安定期における人口爆発と、王朝衰退期における人口崩壊を繰り返しながらも、中華文明それ自体は滅亡しなかった。その背景には、イースター島とは異なり、森林資源が完全には消滅しなかったことがある。近代英国で石炭が燃料として大量使用されるようになるまで、世界中の多くの国々では、家庭用燃料から陶器や金属の生産に用いる産業用燃料まで、燃料の大部分を薪炭などの森林資源に頼っていた。したがって、森林資源の消滅は、燃料の消滅を意味していた。

ではなぜ、中国では、森林が消滅しなかったのか。その理由としては、以下の三つが挙げられる。

一つ目は、風水林の存在である。(38)中国では、山麓の周辺地域で農業を営む村々では、古くから、風水思想に基づいて、山頂付近や小河川の上流地域の森林を、伐採禁止にして保全し続けてきた。風水思想によると、その地域の森林を破壊してしまうと、「気」の流れが乱れ、麓《ふもと》や河川の下流域の村々に、各種の災いをもたらすからである。

言うまでもなく、風水思想は単なる迷信にすぎない。だが、地元民の長年に渡る経験の積み重ねに基づく迷信は、一定の経験的合理性が存在する。風水林についても、その森林を破壊すると、麓の村々を洪水や泥流が襲うということを、経験によって学んでいたことによって、形成されたものであろう。

そうした麓の村々の中には、棚民が支払う多額の現金に目が眩み、風水林を含む山林の使用権を、棚民へ譲ってしまう村もあった。そうした地域では森林破壊が進み、麓の農業も打撃を受けた。その段階になって、ようやく棚民の追い出しを始め、政府への訴訟や裁判を起こす村もあった。

だが実際には、多くの村々は、そうした風水林を、村の存亡に関わるものとして、棚民や余所《よそ》者の立ち入りを拒否し、排他的に占有して、保全し続けた。

一方、棚民が流入したのにもかかわらず、森林破壊が生じなかった例もある。(39)そうした事例では、山林地主は棚民との契約において、山林使用権の期限を設けていなかった。そのため、入植した棚民は、同地域から追い出される心配がないため、長期的な視点に立ち、伐採跡地に杉の木を植え、持続的な森林経営を行った。そして、何世代にも渡って同じ山林に住み続け、現在では麓の村の村民として土着化している。こうした事例も、実際には、決して少なくなかったようである。

中国で森林資源が消滅しなかった二つ目の理由としては、少数民族の苗族《ミャオ》による持続的森林経営の存在が挙げられる(40)。苗族は、自らの居住地域への漢民族の流入を阻止し、漢民族商人に対しては、窓口となる村をいくつか設け、その村でのみ、材木の販売を行った。その販売する材木は、自らの居住地域の山林で、苗族の山林地主や請負業者によって、計画的に植林育成されたものであった。

三つ目の理由としては、華僑ネットワークの拡大による、生産拠点の国外への移転が挙げられる(41)。産業用薪炭を大量に必要とする金属製品や陶器の生産拠点を、森林資源の枯渇した中国国内から、森林資源がまだ豊富にあった東南アジアへと移転させたのである。これは、中国国内における産業用薪炭燃料の消費をある程度押さえることに繋がり、中国国内の森林資源の保全に、プラスに働いたであろうことは、想像に難くない。

このように、近世期の中国では、収奪的森林経営と、持続的森林経営が、併存していた。

(3) 近世日本文明の森林保全

では最後に、持続的森林経営を、全国規模で行っていた代表例として、近世期の日本を検討しよう。

既に多くの研究により、江戸時代の日本が高度なエコロジー社会であったことは、明らかである。[42]とは言え、エコロジー社会が構築されたのは十八世紀になってからである。江戸前期の十七世紀は人口爆発期であり、森林破壊が全国的に進行していた。十七世紀の日本は大開墾時代と呼ばれ、[43]耕地面積は一〇〇年間で五割も増加し、人口は一二〇〇万人から三〇〇〇万人へと激増した。[44]

この人口急増によって、生態系の扶養能力は限界を突破した。森は荒廃し、河川の氾濫が相次いだ。[45]人口がそれ以上に増加したならば、生態系は大規模に破壊され、人口崩壊と文明崩壊が生じていたに違いない。

しかし近世日本は、人口の抑制に成功した。十八世紀から十九世紀の半ば頃まで、約一世紀半に渡り、三〇〇〇万人強の人口を維持したのである。[46]これにより、日本の環境は保全され、生態系の破壊は食い止められた。ではなぜ、日本は人口抑制に成功することができたのか。その主要な理由は、農民の晩婚化と少子化である。農民の女性の初婚年齢は三歳ほど上昇し、一人の女性が一生の間に産む子供の数は三分の一ほど減少した。少子化の背景としては、生活水準の上昇によって幼児死亡率が大幅に低下したことが挙げられる。地域によっては、幼児死亡率は四分の一にまで低下した。つまり、死亡率の低下により、多めに子供を出産する必要性がなくなったので

ある。(47)

また、幕府は一六六六年に、治山治水を目的に「諸国山川掟《さんせん》」を定め、川の上流に植林し、土手には竹林を育成するように指導した。同時期には、陽明学者の熊沢蕃山が、薪炭用の林を育成することを説いた。(48)この時期以降、日本全国で、森林の保護育成は徐々に進み、十八世紀に入ると、日本は、森林の保護育成も含めた高度なエコロジー社会を、構築するようになったのである。

さて、当時の日本における森林の所有形態には、大別して、三種類あった。一つ目が、御林山などと呼ばれた、幕府や藩が所有する公有林である。二つ目が、百姓持林などと呼ばれた、豪農や豪商が所有した私有林である。三つ目が、村持山や入会山などと呼ばれた共有林である。当時の山林のほとんどは第三の所有形態である共有林であった。(49)

ここで重要なのは、日本では、所有形態の如何を問わず、十八世紀以降は、三種類全ての森林で、持続的な森林経営が維持されたことである。(50)共有林は、村の永続のために必要不可欠な資源と見なされたため、各村は、共有林の利用者と使用量を限定し、厳しい掟を定めて保全に努めていた。私有林でも、豪農や豪商個人の資産ではなく、その家の家産財産として捉えられ、家の永続を維持するために、持続的な森林経営が行われた。公有林では、「木一本首一つ」、すなわち、不法伐採は死刑、とされた山林もあったほど、厳しく不法伐採を取り締まっていた。

例えば、江戸時代に三大美林と呼ばれたのが、木曽の檜《ひのき》、秋田の杉、青森の檜葉《ひば》、の諸林である。これらの森林は、それぞれ、尾張藩、佐竹藩、津軽藩の藩有林であった。(51)尾張藩は、一六六五年に最初の森林保護政策を打ち出した。全山林の約二割の面積に当たる森を「留山《とめやま》」などに設定し、農民達の立ち入りを禁止にして保全に努めた。残りの八割は「明山《あきやま》」とし、農民の立ち入りと伐採を認めた。しかし明山に関しても、一七〇八年からは檜、椹《さわら》、檜葉、高野槙《こうやまき》、の四樹種を、一七二八年からはネズコ（黒檜《くろべ》の別称）を加えた五樹種を伐採禁止にした。この五樹種が、「木一本首一つ」という極めて厳しい罰則が定められた「木曽五木」である。

尾張藩が厳しい伐採制限によって森林保全を図ったのに対し、秋田佐竹藩と青森津軽藩は、計画的かつ持続的な森林経営を行っていた。佐竹藩が一七六二年に導入した持続的森林経営の手法が、「番山繰制度」である。これは、山林を一定区画に分けて、三十年周期で各区画の木々を順番に伐採していく方法である。一方津軽藩は、山林の区画分けと三十年周期は佐竹藩と同様だが、その区画内の木々を大中小に三区分した上で、大木の三割に当たる本数のみを択伐した。この手法を用いることによって、植林をすることなく、檜葉の天然林を自然再生させていた。

このように日本では、十八世紀以降は、持続的な森林経営が全国的に行われた。その結果、日本の森林被覆率は、明治政府が全国統計を取り始めた頃（一八九一年）で約四五％、戦後は伐採量よりも植林量が上回った結果、現在では六七％の高率に達している。[52] 他の長い歴史を持つ大国の森林被覆率（二〇〇五年）は、フランスとドイツが三割前後、インドと中国が二割前後、イギリスが一割程度で、かつてメソポタミア文明が栄えたイラクが約二％、エジプトの場合は〇・一％未満である。[53] 現在の日本が、六割を超える高い森林被覆率を誇っているのは驚異的なことで

図表１　近世における森林経営の五類型

	第一類型	第二類型	第三類型	第四類型	第五類型
所有形態	共有	私有	私有	共有	公有
利用制限	無し(誰でも利用可)	有り（排他的）	有り（排他的）	有り（排他的）	有り（排他的）
森林経営の期限	――（意味無し）	有り	無し	無し	無し
森林経営の形態	収奪的	収奪的	持続的	持続的	持続的
環境への影響	環境破壊	環境破壊	環境保全	環境保全	環境保全
歴史的事例	イースター島	棚民(中国)	土着化棚民(中国) 苗族（中国） 百姓持林（日本）	入会山(日本)	御林山(日本)

（注）風水林は原則として伐採禁止である。よって「森林経営」には当たらないため、上記の類型には含まれない。

あり、その要因の一つに、十八世紀における持続的森林経営の成果が挙げられるのである。

4　結論　持続的森林経営に真に必要なもの

上記の考察をまとめると、図表1のようになる。近世における森林経営は、五つの類型に分類可能である。

まず、第一類型は、ハーディンが共有地の悲劇と名付けたものである。所有形態が共有で、利用制限が無く、誰でも好きなだけ利用できるため、収奪的な森林経営となり、環境破壊が進んでしまう。近世における典型例が、イースター文明である。なお、この場合、森林経営権の期限の有る無しは、関係がない。なぜなら、利用制限がないため、利用量は早い者勝ちとなってしまうからである。

第二類型は、ハーディンが考察した、所有形態が私有で、個人が自由に私的利益を追求した場合の収奪的森林経営である。この歴史的事例が、中国における棚民の森林経営である。この類型で重要な点は、森林経営の期限が有限であるという点である。有限であるがゆえに、期限内に最大の利益を引き出そうとする傾向が強化される。棚民の場合、その山林の利用期限が来て、その地域から追い出されるまでに、次の山林を賃貸するための資金を蓄積しなければならない。もしそれをし損なえば、一族郎党が路頭に迷うことになる。ゆえに棚民は、収奪的な森林経営を行い、中国各地の山地を次々にハゲ山にしてしまったのである。

第三類型は、所有形態が私有であるが、森林経営の期限が限定されていない場合である。日本や中国の華中・華南地域では、杉が、植林してから商品価値を持つ成木になるまでに要する期間は、最低でも二十五年ほどかかる。だが、山林の利用期限が存在しなければ、山林利用者は、自分個人ではなく、自分の子供達の資産形成を目的に植林し、持続的な森林経営を行う誘因が強くなる。この典型例が、中国においては、苗族や、その地域に土着化した棚民の事例であり、日本においては、豪農や豪商が私有した百姓持林である。

第四類型は、所有形態が共有である。だが、この第四類型で共有地の悲劇が回避されるのは、利用制限が排他的であり、厳しいルールの下で共有地が利用されるからである。この典型例が、日本における入会山である。近世の日本では、森林だけでなく、海浜や漁場などにおいても、この第四類型が広範にみられたのは、周知の事実である。

第五類型は、所有形態が公有である。現在の多くの途上国では、公有林であるものの、前述のように警察能力の低さによって、法律に基づいた利用制限を強制できないがゆえに、森林破壊が進んでしまった。しかし近世日本における御林山などの公有林では、幕府の代官や藩の役人には、高い法執行能力があったため、持続的な森林経営が行われた。

以上より、ハーディンや一九八〇年代以降の各国政府が想定したのとは異なり、森林の所有形態の相違と森林破壊との間には、直接的な連関はない。重要なのは、第一に、排他的な利用制限が存在し、しかもそれを実際に行使できる能力があることである。そして第二に、森林経営の期間が無期限で、永続性が認められていることである。繰り返しになるが、利用期限が限定されている場合には、その期限内に最大限の収益を引き出そうとするため、収奪的な経営となってしまう。

よってこの二点、排他的利用制限と利用期間の永続性が認められる場合に、森林経営は資源保全型の持続的なものとなり、周辺環境も保全されるのである。

なお、客観的には森林経営の期限が無期限であるにもかかわらず、宗教的な理由で、期限が有限であると思いこんでいる例は、キリスト教圏では少なくないかも知れない。なぜなら、二〇〇四年にニューズウィーク誌が行った世論調査によると、アメリカ国民の五二%が一〇〇〇年以内に、一五%が自分が生きている間に、キリストが再臨して終末が到来すると信じている、と答えているからである。(54)

また、アフリカ諸国などの途上国でしばしば見られるように、(55)内戦や政府内の権力闘争などのため、私的所有権をはじめとした各種権利の保障が不安定である国では、森林の所有権や利用権を維持できている間に、できるだけ短期間で、最大限の利益を引き出そうとする誘因が働く。こうした国々では、持続的な森林経営は到底不可能である。

こうした宗教的な問題や、途上国政府の能力や政治の安定などをも考慮すると、現実に有効な森林政策を立案するのは容易ではない。だが、森林保全や環境保全の政策論争において従来散見された、分割私有化か国有化か、あるいは自由化か規制強化か、といった二者択一的な誤った論争を排し、真に森林保全が可能となるより良い政策を考案する一助に、本稿が寄与することができれば幸いである。(56)

第五章　森林保全と人道主義の衝突

1　問題の所在　多くの文明は、なぜ森林を保全できなかったのか？

前章の検討によって明らかとなったように、持続的な森林経営によって、森林を保全するために必要なものは、森林に対する排他的な利用制限と、利用期間の永続性である。

しかしながら、多くの文明は、森林を保全することができず、滅亡していった。では、それらの文明は、森林破壊が文明滅亡に直結することに、気づかなかったのであろうか。

必ずしも、そうではない。人類最初の都市文明を築いたシュメール人も、それに気づいていた。そして、結論を先に述べるならば、彼らは、森林を保全する方法があることも知っていた。しかし、その方法を選択することができなかった。

いったい、なぜであろうか。それを明らかにするには、シュメール文明が残したギルガメシュ叙事詩を検討する必要がある。この叙事詩こそ、環境破壊による文明崩壊の危機に直面した人類が、最初に残した記録である。

2　ギルガメシュ叙事詩の環境経済史的分析

（1）ギルガメシュ叙事詩の概要

ギルガメシュは、シュメール文明の都市国家ウルクに実在した王である。時代は紀元前二六〇〇年頃、シュメールが多くの都市国家に分裂していた初期王朝期第二期の末期である。シュメール文明はティグリス・ユーフラテス河の中流域に栄えた文明であり、ウルクはユーフラテス河沿いの要衝に位置していた。ギルガメシュは死後まもなくして神格化され、その様々な英雄的行為が伝承となった。そうした伝承がやがて取捨選択され、古バビロニア時代（紀元前一九五〇～一五三〇年）に古バビロニア版ギルガメシュ叙事詩が成立し、紀元前十二世紀頃に標準版ギルガメシュ叙事詩が成立した。[1]

標準版ギルガメシュ叙事詩は、十二の書板（粘土板）からなるが、第十二書板は第十一書板までの内容と連続性はなく、極度に神話的な内容であるため、本稿の考察対象とはしない。第一書板から第十一書板までの内容を、主なエピソードごとに簡単にまとめると、以下のようになる。[2]

エピソード1　「ギルガメシュとエンキドゥの闘いと和解」

火焼き煉瓦の城壁に囲まれた都市国家ウルクの王ギルガメシュは、人間の父と女神との間に生まれた半神半人である。当初は暴君であったため、ウルクの民衆は、天の至高神アヌに善処を祈った。アヌは創造の女神アルルに命じ、ギルガメシュに対抗させるために、野人エンキドゥを荒野で創らせた。エンキドゥの存在を知ったギルガメシュは、神殿に仕える神聖娼婦シャムハトを派遣し、エンキドゥをウルクに導かせる。ウルクの広場で、ギルガメシュとエンキドゥは激しく闘うが引き分けに終わり、両者の間には友情が芽生え、無二の親友となる。

エピソード2　「森の守り手フンババとの戦い」

ギルガメシュは、「香柏の森」に遠征し、木材を伐採することを提案する。だが、親友エンキドゥとウルクの長老達は、強く反対する。なぜなら、一〇㎞に渡って広がる「香柏の森」には、大地の男神エンリルによって森の守り手に任命された、恐ろしい怪物フンババがいるからである。だがギルガメシュの意志が硬かったため、やむなくエンキドゥも同意し、長老達も出陣する彼らを祝福した。ギルガメシュらは、三〇㎏もある重い金属製の斧を用いてフンババと戦い、激闘の末に倒した。勝利を収めた彼らは、多くの木々を伐採して材木を筏に組み、ユーフラテス河の流れを利用して持ち帰った。

エピソード3　「イシュタルの求愛と天牛との戦い」

天の至高神アヌの娘である愛と豊穣の女神イシュタルは、フンババに勝利を収めたギルガメシュに魅力を感じ、求愛する。だがギルガメシュは、これまでにイシュタルが昔の恋人達に行ってきた残酷な仕打ちを列挙し、激しく非難して彼女の求愛を拒絶した。彼の態度に激怒したイシュタルは、父であるアヌに泣きつき、ギルガメシュを懲らしめるための「天牛」を造るように求める。天牛を地上に派遣すると、ウルクの国民は七年間の飢饉に苛まれるため、アヌは当初、娘イシュタルの申し出に首を縦には振らない。だがついには折れて、天牛を授ける。ユーフラテス河に舞い降りた天牛は暴れ回り、数百人のウルクの男達を殺す。しかし、ギルガメシュとエンキドゥは力を合わせ、天牛を倒す。この戦果により、ウルクの民は、ギルガメシュとエンキドゥを称え、祝福した。

エピソード4　「エンキドゥの死」

大地の男神エンリルの僕《しもべ》であるフンババと、天の至高神アヌが所有する天牛を殺した罪を重く見た神々は、会議を開き、エンキドゥに死を与えることにした。その模様を夢で見たエンキドゥは死を恐れ、太陽の男神シャマシュの神殿に自らが捧げた巨大な扉に向かって、悔恨の思いを口にする。その扉は、フンババを倒して入手した香柏の木（レバノン杉）によって造ったものだった。エンキドゥは病《やまい》に罹《かか》り日ごとに衰弱し、十二日目に亡くなった。ギルガメシュは嘆き悲しむと同時に、死というものを意識するようになる。

エピソード5　「不死を求めての旅立ち」

死を恐れるようになったギルガメシュは、不死を求めて旅立つ。かつて大昔に起きた大洪水で世界が破滅した時に生き延び、永遠の命を得たウトナピシュティムに会って、不死の秘密を聞き出すためである。冥界の入り口であるマーシュ山で、冥界の門番を務めるサソリ人間に行く手を遮られるが、何とか突破する。やがて、宝石と果樹で輝く美しい海辺に辿り着き、そこで、酒場の女主人を務める知恵の女神シドゥリと出会う。シドゥリはギルガメシュに対し、人間は死すべき運命であるため、その運命に逆らわず、限られた人生を楽しむべきだと諭す。だが彼はその助言を拒絶し、ウトナピシュティムのもとに行くため、船に乗る。

エピソード6　「大洪水とウトナピシュティムの箱船」

ようやくウトナピシュティムに会うことができたギルガメシュは、不死の秘密を尋ねる。彼は、自らが永遠の命を得た時の模様を語る。それは、以下のようなものである。

人間は神々に代わって労働を担うために創られたが、時を経るにつれて増え過ぎてしまった。そこで大地の男神エンリルは、増え過ぎた人間を滅亡させるために、神々の会議にかけた後に、大洪水を起こした。だが、水の男神エアの助言により、ウトナピシュティムはあらかじめ箱船を造って備えていたため、彼の一族や彼が集めた動物は生き延びた。人間が生き延びたことを知ったエンリルは激怒し、エアを激しく非難した。だがエアは、増え過ぎた人間を減らすためならば、洪水の代わりに飢餓や疫病、戦争などを起こして減らせばよい、と冷静に反論した。多くの神々は、会議で洪水を了承したことを後悔していたため、エンリルに批判的であった。なぜなら、大洪水が想像以上に大規模だったため、神々の世界まで破滅するのではないかと思い、強い恐怖を感じたからである。それに加え、人間が絶滅してしまうと、もはや自分たちに供物《くもつ》を捧げる者がいなくなってしまうことに、改めて気がついたからでもある。他の神々の批判にさらされたエンリルは、自らのメンツを保ちつつ窮地を打開するために、ウトナピシュティムと彼の妻を、神々の仲間に迎え入れた。そうすれば、エンリルが大洪水を起こした目的である人間の絶滅と、生き延びたウトナピシュティム一族の生存の容認が、両立するからである。

つまりウトナピシュティムの得た永遠の命は、神々の利己的な都合によって偶然与えられたものであり、一度限りの現象だったのである。

エピソード7　「若返りの草と失意の帰還」

ウトナピシュティムはギルガメシュに、七日間寝ずにいる試練を課した。人間には不可能なことを達成すれば、神々が集まって会議を開き、ギルガメシュの処遇を検討するかも知れないからである。だがギルガメシュは、その試練に全く耐えられず、寝入ってしまった。失意のうちに帰還しようとした時、ウトナピシュティムの妻が、海の深淵に、若返りの草が生えていることを告げる。ギルガメシュは、その若返りの草を見事に入手し、意気揚々と引き揚げる。だが帰路の途中、泉で水浴びをしている最中に、若返りの草を蛇に食べられてしまう。ギルガメシュは、失意に暮れながら、ウルクに帰還する。

周知のように、「大洪水とウトナピシュティムの箱船」は、キリスト教の旧約聖書に記されたノアの箱船の源流となるエピソードである。他に、知恵の女神シドゥリがギルガメシュに語った言葉は、旧約聖書『コーヘレト書』の第九章第七〜九節に酷似している(3)。このようにギルガメシュ叙事詩は、キリスト教に大きな影響を与えている。したがって、西欧文明のエートスに対する理解を深めるためにも、この叙事詩の分析は必要不可欠である。

環境問題の視点からは、日本では既に梅原猛氏や安田喜憲教授らによって、「森の守り手フンババとの戦い」のエピソードが、人類史における環境破壊の原点であると、指摘されている。[4]だが、叙事詩全体を、環境破壊による文明の末路を描いたものとして捉える視点は、管見の限りではない。よって以下において、その視点での分析を試みることにする。

（2）飢饉を克服した名君ギルガメシュ

まず、エピソード一の「ギルガメシュとエンキドゥの闘いと和解」について、検討しよう。野人エンキドゥとは、放牧民の象徴であると解釈できる。[5]なぜならエンキドゥは、ウルク近郊の荒野で粘土をこねて創られたが、[6]育つのは「山」である。そして再び荒野に戻ってきた時に、神聖娼婦シャムハトに出会う。「山」とは、バビロニア西方の高地平野である。[7]つまりエンキドゥは、常に移動しているのである。そして、シャムハトにパンとビールを勧められたエンキドゥは、初めて見る飲食物に当初は戸惑う。彼は、飲み物と言えば動物の乳しか知らなかったからである。その上、シュメールのビールは濁り酒であり、表面に麦の殻が浮いていた。そのため、ストローを使って大きな甕《かめ》から飲む風習があった。[8]つまりシュメールのビールは、飲み方を知らなければ、飲めないのである。よって、エンキドゥの描写には、農業民の飲食物や風習を知らず、肉類とミルクを主食とし、常に草地を求めて移動する放牧民の特徴が如実に表れている。シュメール人は、自らが住む都市や農業地区を、国土を意味するカラムと呼び、周辺地域の荒野をクルと呼んだ。そしてそのクルに住む放牧民を蔑視し、動物同然と見なしていた。(9) ゆえに、エンキドゥを「野人」と表現したのは、放牧民だったからなのである。

エンキドゥは、シャムハトと出会うまでは、カモシカなどの野生の動物と共に行動していた。だが、エンキドゥはシャムハトに誘惑され、彼女と交わった途端、カモシカらはエンキドゥを避けるようになり、彼は疎外される。よってカモシカなどの野生動物は、他の放牧民を意味する。なぜならシャムハトは、ウルクの神殿に、すなわち農業民であるウルクの人々が祭る神々に、仕えている神聖娼婦だからである。神聖娼婦とは、神殿において、神々に性交を捧げる儀式をする女性のことである。世界中どこの地域でも、神(々)に食物を捧げる儀式を行うが、シュメールでは、性交も神々に捧げていた。その目的は、言うまでもなく、多産と子孫繁栄である。

したがってシャムハトとの性交は、ウルクの神々を受け入れたことを意味している。エンキドゥによって象徴される放牧民の中の一部族は、改宗してしまったがゆえに、その他の放牧部族から敬遠され、その上、高地平野から追放されてしまう。行き場所を失ったエンキドゥは、やむなく、シャムハトに導かれてウルクへ向かい、ギルガメシュの親友となる。ギルガメシュは農業民の王であるから、これは農業民と放牧民との同盟と融合を意味する。標準版ギルガメシュ叙事詩では、両者は対等に近い関係であるが、古バビロニア版より前のシュメール語の伝承では、エンキドゥはギルガメシュの僕《しもべ》である。(10) また、シャムハトの派遣は、女神である実母からの助言を受け入れてギルガメシュが意図的に行ったものであり、しかも、その後のエンキドゥの高地平野からの追放や、彼との友情の芽生えなども、全て、実母の予言でギルガメシュはあらかじめ知っていた。エンキドゥは「山」で最も強い者であったことが記されているため、エンキドゥは高地平野の放牧部族の中で最強の部族である。こうした点から、このエピソードは、農業民の王ギルガメシュが、最強放牧部族を奸計によって改宗させ、吸収合併したことを意味している。

では、なぜギルガメシュは、最強放牧部族エンキドゥを吸収合併する必要があったのか。それは、当初ギルガメシュが暴虐な王であったことと関係する。では暴虐とは、具体的には何を意味するのか。第一書板には、「ギルガメシュが太鼓をたたき、仲間が立ち上がる。ギルガメシュは父親に息子を残さない」との記述がある。ここからは、戦争に次ぐ戦争で、多くの戦死者が出ていたことが予測される。最強放牧部族エンキドゥは、その主要な交戦相手だったのかも知れない。

もう一つの解釈も可能である。ギルガメシュは、父親に息子を残さなかっただけではない。母親にも娘を残さず、戦士の娘も貴人の夫人も残さなかった。こうした点からは、息子や娘は成人ではなく、乳幼児を含めた子供達であったと推測できる。多くの子供達が次々に死んでしまうような状態とは、飢饉の時である。飢饉とは言っても、突発的で大規模なものなら、成人男女も多数死亡してしまう。つまり、父親や母親のほうも死亡してしまう。だが、数年間に渡って不作が続き、多くの人々が慢性的な栄養失調状態に陥っているような場合には、体力のある青年や壮年はあまり死なないが、体力のない子供や老人、それに体力の消耗の激しい妊婦や出産直後の女性達は、多数死亡してしまう。戦士の娘や貴人の夫人までもが死亡する事態とは、庶民だけではなく上流階級にまで慢性的な食料不足による影響が出ていたことがうかがわれ、極めて深刻な事態である。フレイザーの研究(11)で明らかなように、古代世界や未開部族においては、農作物の不作は、祭司であり呪術師である王が持つ超自然的な力が衰えたことによるものであり、よって王の責任である。だからウルクの民衆は、ギルガメシュの責任を至高神アヌに訴えたのである。

叙事詩では、エンキドゥが親友になった途端に、ギルガメシュの暴虐が収まる。その理由は記されていないが、理由は明らかである。農業を基盤とした都市国家ウルクは、放牧民エンキドゥを吸収合併することにより、大量の肉類とミルクを手に入れたのである。叙事詩の中で、シャムハトはエンキドゥにパンとビールを与える。これは、農業民が放牧民に、穀物で作った飲食物を与えたことを意味する。同様に、放牧民から農業民へは、肉類とミルクが与えられたことであろう。栄養失調は、穀物と野菜だけで解消する場合には、大量の摂取が必要である。だが、わずかな量の肉類を付け加えるだけで、穀物や野菜の量を増やすことなく、栄養失調は解消できる。なぜなら肉類には、タンパク質や脂肪、それにビタミン類などが、植物性食物よりも豊富に含まれているからである。例えば必須アミノ酸の含有量は、肉類は小麦の四倍以上である(12)。

以上よりエピソード1は、農業を基盤とする都市国家ウルクが、放牧民の吸収合併によってより多くの動物性食品を入手し、それにより食料危機を乗り越えたことを意味しているのである。

（3）飢饉の再発と森林破壊

次に、エピソード2の「森の守り手フンババとの戦い」について、検討しよう。そもそもなぜギルガメシュは、香柏の森を伐採しようと思い立ったのか。シュメール語の伝承では、ウルクの人々が次々に死んでいくのを見て、香柏の森を伐採して名を挙げたい、と考えたからである（13）。

香柏の木とは、レバノン杉などの針葉樹を意味している。レバノン杉は良い香りを放つため、神殿や宮殿の装飾に欠かせない材料であった。第七書板（本稿ではエピソード3の「エンキドゥの死」）に記されているように、神殿の装飾、すなわち神への捧げ物としても利用されたことは間違いない。だが、ある神へ捧げるためだけに、別の神の僕《しもべ》を殺したとは考えにくい。レバノン杉が長く真っ直ぐで水に強かったため、船の材料として適していたことを考えるならば、レバノン杉の大量入手の真の目的は、灌漑設備の拡充、運河や用水路の浚渫《しゅんせつ》、堤防の修繕などの水利関係の大規模土木事業を行うためであろう。

ウルクは、放牧民エンキドゥの吸収合併により、食料危機を一時的に乗り切った。しかし吸収合併は、人口がその分増えたことも意味する。放牧民に与えるパンを作るためにも、農業生産量を増やさなければならず、そのために必要なのが耕地拡大である。シュメール地域（現在のイラク南部）は降雨量が少ないため、穀物生産は灌漑農業が主体である。よって、耕地を拡大するためには灌漑設備の拡充が必要不可欠であった。つまりウルクでは、再び発生した食料危機を、それも餓死者が続出する大規模で深刻な飢饉を乗り越えるために、大量の木材を必要としていたのである。だからこそ、当初はギルガメシュの提案に反対していたエンキドゥや長老達も、最終的には香柏の森の伐採を支持せざるを得なかったのである。香柏の森の伐採は、このまま食料危機で座して死を待つか、神の怒りに触れる危険を冒して食料増産に必要な木材を入手するかの、二者択一を迫られた末での苦渋の決断だったのである。

なお、運河に関しては、四月から五月にかけてのユーフラテス河の増水期を利用して、乾期に使用する農業用水を溜池に溜める際に利用されていたが、河は大量の土砂を運んで来るため、常に浚渫する必要があった。ユーフラテス河が運ぶ土砂の量は、ナイル川の五倍もの量であった。また、河とウルクの町とをつなぐ運河が土砂で埋まってしまうと、物資の輸送が困難になってしまう。シュメール文明の地は沖積平野であるため、現地には産出しない銅などの金属類や、黒曜石、大理石などの石材をはじめとした必要物資を、ウルクは他の都市や地域との水上交易によって入手していた。堤防に関しては、ユーフラテス河が定期的に増水するのに加え、河の増水量が毎年一定でないため、小規模の洪水は珍しくなかった。そのため、ウルクの民衆を守るには、常に修繕しておく必要があった。こういった土木作業には、木材と共に火焼き煉瓦が大量に用いられた。なぜなら日干し煉瓦は耐久性が弱く、時間の経過に伴い、風雨などにさらされることにより、もとの泥に戻ってしまう。それに対し火焼き煉瓦は耐久性が強く、風雨にさらされ水に浸かっても、泥に戻ることはないからである。そしてこの火焼き煉瓦の製造には、燃料として大量の薪を必要とした。[14] よってウルクは、これらの土木事業にも、大量の木材を必要としていたのである。

（4）残酷なエコロジー社会

続いて、エピソード3の「イシュタルの求愛と天牛との戦い」を、分析しよう。女神イシュタルの求愛とギルガメシュの拒絶は、何を意味しているのか。周知のように、古代ギリシャの大地母神をはじめ、多くの文明では、当初は女性神が至高神であった。[15] そしてシュメール文明でも、ギルガメシュより前の時代であるウルク文化期（紀元前三五〇〇～三一〇〇年頃）においては、イシュタルをはじめとした多くの女神達が世界を支配していた。しかしその後、社会が男性原理によって支配されるようになるにつれ、女性神の地位は低下し、男性神が至高神となる。シュメール文明では、紀元前三〇〇〇年頃には、天空の神アヌが最高神となる。[16] 大地母神などの女神を信仰する文明は、自然と共生するエコロジー社会であったのに対し、男性神を至高神とする文明は、自然環境を破壊する非エコロジー社会であった。[17]

ギルガメシュは食料増産のため、香柏の森を、おそらくはウルクの近隣に残った最後の森林であったその森を、大規模に伐採した。香柏の森のあった場所については諸説あるが、[18] 彼らが徒歩三日で到着したことや、ユーフラテス河を用いて木材を運んだことを考えるならば、ウルクの百数十キロメートルほど上流の辺りであろう。いずれにせよ、ギルガメシュはエコロジーを切り捨て、生産拡大を指向するエコノミー（経済優先）社会を選択した。よって、その直後に行われた女神イシュタルの求愛は、自然を破壊するエコノミー社会から、自然と共生するエコロジー社会への回帰を求めたものであることは明らかである。だがギルガメシュは、その場でイシュタルの求愛をはっきりと拒絶した。つまり、エコロジー社会への回帰を拒否したのである。

ギルガメシュは、求愛拒否の理由として、イシュタルの残酷さを挙げた。ノイマンの神話研究[19]が明らかにしたように、女性神である太母神には二面性がある。生命を生み出し愛情をつかさどるグレート・マザーとしての側面と、死をもたらす残酷なテリブル・マザーとしての側面である。テリブル・マザーとは、自分の子を喰って太る飢えた大地であり、飽食すると新たな生命を誕生させるが、その子供もまた殺して喰ってしまう[20]。

ノイマンによると、テリブル・マザーの最も恐ろしい例は、ヒンズー教のカーリー女神である。カーリーは破壊と死をつかさどる一方で、誕生をもつかさどる。神話の中のカーリーは、他の神を貪り喰い、人肉を喰い生き血をすする。インドでは現在でも、多くの信者がカーリー女神の神殿で、生け贄として捧げるために家畜を屠殺し、大量の生き血を注ぐ。なぜなら全ての生き物の血は、すなわち生命は、カーリーの与えたものである。ゆえに血と生命を、カーリーに返すのである[21]。その目的は、カーリー女神に新たな生命を与えてもらうことであり、直接的には新たな家畜（の子ども）を授かるためである。つまり死は、新たな生命誕生の前提条件なのである。

ではなぜ、女性神は生命誕生の見返りに死を求めるのであろうか[22]。これには、生態学的理由がある。人口扶養能力が著しく低い厳しい自然環境下において、自然と共生しながら、文明、ないしは共同体を持続的に存続させるには、人口を増加させてはならない。だが、第一章で検討したロバート・マルサスも指摘していたように、人間の繁殖能力は非常に強い。何らかの制限を加えない限り、その地域の自然環境が提供できる食料以上に人口が増加し、その過剰人口が自然環境を破壊し、その地域の人口扶養能力を低下させる。そのため、制限が全く加えられない場合は、人口増加と人口扶養能力の低下が同時に生じ、人口崩壊現象、すなわち、飢饉や疫病、戦乱などによる人間の大量死が発生し、その文明、ないしは共同体は滅亡してしまう。

それでは、人口扶養能力が低い厳しい自然環境において、人間の出産数は、科学的には、どの程度なのか。狩猟採集社会を例として、検討してみよう。(23) 多くの原始的な狩猟採集社会では、平均寿命は三十歳前後である。成人女性は、体脂肪率が二〇%から二五%程度にならないと妊娠しない。厳しい自然環境のもとでは、栄養状態が悪いため、狩猟採集社会に生きる女性が妊娠可能となるのは、十八歳くらいになってからである。現在の多くの狩猟採集部族の女性は、出産後、子供が三歳になるまで授乳し続ける。授乳は、出産時に減少した体脂肪の蓄積を阻害する。そのため、こうした長期授乳方式を行えば、妊娠間隔を四年ほどに空けることができる。よって狩猟採集社会では、一人の女性は一生の間に、平均して四人ほどの子供を産む。

だがこれでは、人口は一世代で倍増してしまう。狩猟採集社会は人口密度が薄いため、致命的な伝染病が流行することはない。(24) 天敵の存在しない人間は、人為的な要因がない限り、怪我で死亡することも多くない。では、狩猟採集部族は、如何にして人口増加を阻止し、自然と共生しているのであろうか。

例えば、オーストラリアの狩猟採集民アボリジニの場合、マッンタラ族などの南方部族では、かつて母親は、二人目の子供が生まれると、その場でその赤ん坊を殺害した。そしてその赤ん坊の肉を、つまり人肉を、上の子供に食べさせた。オーストラリア中部の部族は人為的に流産させ、その胎児を母親とその子供達で食べ、ユム族などの北方部族は自分たちの子供のほとんど全員を食べた。(25) 人肉を食べる目的は、人口調節と栄養補給である。オーストラリア内陸部の生態系の人口扶養能力は著しく低く、常に食料不足にさらされていた。だが人肉を食べることにより、一時的にではあれ栄養状態を改善できる。母親は出産直後の体力低下を補うことができ、成長期の子供は貴重な栄養補給ができる。このようにしてアボリジニは、先に生まれてきた者を生かし、人口増加を阻止しながら、数千年に渡って厳しい自然と共生してきたのである。

よって、こうした事例を考慮するならば、古代ギリシャの大地母神が子供を食べたのも、インドのカーリー女神をはじめとした女性神が生の見返りに死を求めるのも、同じ理由であろう。女性至高神が支配するエコロジー社会は、自然には優しい社会であるが、人口増加を殺人によって食い止める、人間には厳しい社会だったのである。

したがって、ギルガメシュが女神イシュタルの求愛を拒否したのは、子殺しも含めた、人間に厳しい自然との共生社会が、既にウルクの人々にとって、受け入れがたいものだったからである。

ゆえに、ギルガメシュを代表とするウルクの農業民は、餓死から免れるために、すなわち、増え過ぎた人口を養うために、森林を破壊して耕地を拡大する選択を、したがって、エコロジー社会ではなくエコノミー社会を選択した。

だが、それによる自然の報復は厳しいものであった。上流の森林地帯を大規模に伐採したために洪水が起き、流出した土砂が泥流となってウルクを襲ったのである。天牛は、この泥流の暗喩である。河から溢れ出た泥流は、ウルクの城壁を乗り越え市内に流れ込み、数百人の住民を飲み込み死亡させた。書板には、天牛は七年の飢饉をもたらすと記されているので、泥流は毎年増水期に発生し、ウルクの運河や灌漑用水路を土砂で埋め、食料生産を減少させたに違いない。食料増産のために森林を伐採したにもかかわらず、皮肉にも、それによって引き起こされた災害によって食料生産は減少し、飢饉が発生したのである。

なお、泥流を天牛に喩えたのは、牛の糞は、水分を含んでいる時も乾いた時も、ともに泥によく似ているからであろう。ウルクの城内や農地を覆った大量の泥は、あたかも、神が創った巨大な天の牛が暴れ回ったあとに残した落とし物のように見えたに違いない。天牛はエンキドゥと戦う際に、尻尾を使って糞を投げつけるという攻撃をしているのに加え、殺されたウルクの男達と同様に、エンキドゥもあわや生き埋めになりかけている。こうした点からも、泥を糞と見なし、泥流を天牛に喩えたのだと解釈して間違いあるまい。

しかしこの天牛は、ギルガメシュとエンキドゥの活躍によって倒される。おそらくギルガメシュを中心としたウルクの人々は、伐採したレバノン杉の大木を多数用いて、従来よりも大規模な堤防を築いて泥流の流入を防いだのに違いない。

（5）文明滅亡の回避策を求めて

次に、エピソード4の「エンキドゥの死」が意味するところについて、検討しよう。先に見たように、エンキドゥは放牧民の象徴であった。ではなぜ、農業民の象徴ギルガメシュではなく、放牧民のエンキドゥが先に死ぬことになったのか。これはおそらく、人口増加による過放牧で草地が荒廃し、牧畜業の生産性が低下したことを暗示しているのであろう。穀物生産に関しては、灌漑面積を拡大すれば穀物を増産することができるため、人口増加に対処できる。だが牧畜業に関しては、当時の技術水準では、安定的に増産する方法は存在しない。家畜の飼育頭数を増加させれば、一時的に肉類やミルクの増産が可能だが、すぐに過放牧による砂漠化が生じ、生産量は逆に減少してしまう。

このようにウルクは、食料危機を増産によって、すなわち生産力の拡大、エコノミーの拡大によって、何度も乗り越えた。しかし、エコノミーを拡大すればするほど、自然が破壊され、生態系の扶養能力が低下し、エコロジーが縮小する。このような悪循環に陥ってしまったため、食料危機は再発し続けた。しかもその再発する食料危機は、次第に大規模なものになっていったに違いない。

実際、環境史の研究[26]によると、上流の森林地帯の岩石は塩分を大量に含んでいたため、森林の消滅に伴う風雨の浸食により、その塩分はユーフラテス河へ、そして灌漑用水を通じて農地へと流れ込み、シュメールの農地の塩分濃度は次第に上昇していった。シュメールでは塩害に強い大麦を主として栽培していたが、それでも、穀物の生産性は次第に低下していった。ウルク近郊のある都市国家では、大麦の一ヘクタール当たりの収穫量は、紀元前二四〇〇年頃は二五三七リットルであったが、古バビロニア時代の紀元前一七〇〇年頃には八九七リットルと、三分の一に低下した。最終的にこの地域は不毛の沙漠と化し、シュメールのほとんどの大都市は消滅するか、寒村と化し、シュメール文明は滅亡した。

叙事詩においてギルガメシュが死を恐れるようになったのは、年々減少していく穀物生産量を目の当たりにしたウルクの人々が、自らの、そしてシュメール文明の行く末を、敏感に悟ったことを意味している。よって、「不死を求めての旅立ち」において、ギルガメシュが求めたのは、個人的な不死ではない。ウルクの、シュメール文明の不死を、存続を希求したのである。ギルガメシュの旅とは、文明存続のための秘策を探し求める旅路であった。

続いて、エピソード5の「不死を求めての旅立ち」を検討しよう。ここで重要なのは、知恵の女神シドゥリがギルガメシュに諭《さと》した言葉である。古バビロニア版によると、シドゥリは次のように語った[27]。

「ギルガメシュよ、お前はどこにさまよい行くのか。お前が探し求める生命を、お前は見出せないであろう。（中略）ギルガメシュよ、自分の腹を満たすがよい。昼夜、あなた自身を喜ばせよ。日毎、喜びの宴を繰り広げよ。昼夜、踊って楽しむがよい。（後略）」

シドゥリは、このような享楽的人生を肯定した言葉に続けて、子供に目をかけ、妻を喜ばすことが、すなわち自らの家族と共に刹那的に生きることが、人間の運命である、と述べる。つまり、シドゥリの言葉が意味するのは、シュメール文明には、自然を破壊してエコノミーを拡大した文明には、もはや未来はない。文明の滅亡を回避するための秘策などない。文明滅亡の日が来るまで、自分と自分の家族のことだけを考えて、利己的に刹那的に生きる以外の選択肢はない、ということである。

もちろんギルガメシュは、シドゥリの言葉には納得できない。だから彼は、困難を乗り越え、ウトナピシュティムに会いに行く。

エピソード6の「大洪水とウトナピシュティムの箱船」において重要な点は、大地の男神エンリルが大洪水を起こしたのは、人間の数が、すなわち人口が増え過ぎたため、という点である。過去の大洪水もまた、人口増加とそれに伴う大規模な森林伐採により、引き起こされたものだったのである。そして、ウトナピシュティムが永遠の命を得た理由は、神々の利己的な都合、すなわち、人間にとってはただの偶然であった。

エピソード7の「若返りの草と失意の帰還」において、ウトナピシュティムは、ギルガメシュに対し、七日間眠らずにいるという、人間には不可能な試練を課し、案の定、彼はその試練に耐えられなかった。これは、不死の入手、すなわち文明の滅亡を回避することは、人間には不可能であることを意味する。

なお、睡眠中に分泌される成長ホルモンは、骨や筋肉を成長させ、炭水化物、タンパク質、脂質の代謝を促進する。つまり、成長ホルモンは、新たな細胞を生み出すために必要なものである。よって、細胞の再生、人体の再生には、睡眠が必要不可欠である。人間は、充分に睡眠を取ると、目覚めた時、体中に元気がみなぎっていることを実感する。古代シュメール人達は、そうした経験から、睡眠と生命力の再生との関連に、気がついていたに違いない。それが、こうしたエピソードに繋がったのであろう。

ところで叙事詩は、人間には絶望だけが残されているわけではないことも、伝えている。それが、ウトナピシュティムの妻が教えた、若返りの草の存在である。その薬草は、文明の存続を可能にする秘策を意味している。そしてギルガメシュは、いったんはその薬草を入手する。しかし、彼はそれを蛇に奪われ、持ち帰ることはできなかった。ではなぜ彼は、その薬草を、文明存続のための秘策を、持ち帰ることができなかったのか。そして、蛇は何を意味しているのか。

蛇は、古代の中近東から地中海に至る地域において、大地母神のシンボルであった(28)。なぜなら蛇の脱皮は、生命の再生と理解されたからである。ゆえに、常に脱皮を繰り返し、永遠に自らを再生し続けているかのように見える蛇は、自然と共生する多くの循環型文明において崇められた生き物であった。紀元前三〇〇〇年頃の中近東の遺跡からも、蛇目の大地母神イシュタルの像が発見されている。[29] よって、蛇とは自然と共生する循環型文明を意味しており、文明存続の秘策とは、人口を抑制する循環型エコロジー社会への転換である。

しかしながら、人口増大に対応するため自然を犠牲にして食料の増産に励んできた、エコノミー拡大型のシュメール文明にとって、循環型エコロジー社会へ転換して自然と共生するためには、いったん多くの人々を餓死させて、人口を減少させなければならない。ギルガメシュは、上記の考察で明らかにしたように、幾度もの食料危機を克服し、ウルクの人々を死から救ってきた人物である。民衆の命を救うという点で、彼はまさしく、名君であった。人道主義者であり名君であるがゆえに、彼は、民衆の大量死を引き起こすような解決策は、故郷に持ち帰ることができなかった。ゆえにギルガメシュは、失意のうちに帰還しなければならなかったのである。

以上より、ギルガメシュ叙事詩は、それ全体が、環境破壊とそれによって生じた文明の崩壊過程を扱った作品である。シュメール文明は、増え過ぎた人口を養うために、自然を、エコロジーを破壊し、食料の増産という経済の拡大を、エコノミーの拡大を押し進めた。それにより、洪水や塩害、それに過放牧による砂漠化などが生じ、生態系の扶養能力が次第に低下していった。エコロジーの縮小とエコノミーの拡大は、反比例の関係にあったのである。この反比例の関係は、その後の多くの滅亡した文明に共通したものであった。そして、近代西欧文明の延長線上にある現代文明もまた、この反比例の関係を内包しており、エコロジーを破壊しながらエコノミーの拡大を進めている。[30]

現代文明は果たして、シュメール文明のような末路をたどるのであろうか。自然共生型エコロジー社会への転換は、できないのであろうか。だが、文明の転換を論議する前に、まずは、自然共生型エコロジー社会の客観的な実態を明らかにしておく必要がある。名君ギルガメシュが、自然との共生を選択できなかったのは、彼が知り得た自然共生型エコロジー社会の実態が、あまりにも非人道的だったからであろう。それを、次節で詳しく検討することにする。

3　南洋文明の環境保全とカニバリズム

(1)　四種類のカニバリズム・システム

それでは、自然共生型エコロジー社会の実態は、如何なるものであったのか。ジャレド・ダイヤモンドの近著『文明崩壊』[31]では、環境破壊による文明崩壊を防いだエコロジー社会の代表として、日本、ニューギニア高地、それに南太平洋に浮かぶ小島で、ニューギニアとフィジーの間に位置するティコピア島、の三つを挙げている。気になるのは、ダイヤモンド氏は環境保全のことのみに着目し、人道主義の観点が抜け落ちている点である。周知の通りニューギニアは、最近まで人喰い人種がいたことで有名な地域である[32]。また、フィジーやニューカレドニア、それにマオリ族が住むニュージーランドなど、南太平洋の多くの島々では、近代に入るまで、盛んにカニバリズム(人肉食)が行われてきた[33]。

よって本章では、環境保全とカニバリズムの関係について、少し立ち入って検討することにしたい。なお本書では、ポリネシア系の民族が築いた南太平洋の島々の社会システムを、一括して南洋文明と呼ぶことにする。

既に文化人類学の多くの研究(34)により、カニバリズムは近代に至るまで、世界中のかなり多くの地域において行われていたことが、明らかにされている。それらのカニバリズムの多くは、厳格なルールに基づき、一定の社会的秩序のもとに行われていた(35)。つまり、カニバリズムは制度化され、社会システムの中に組み込まれていたのである。そうしたルールの相違に基づき、世界のカニバリズムをいくつかに分類することが可能である。ここでは、先行研究の成果を利用しつつ、筆者の問題意識に基づき分類する。

なお、危機的状況下において突発的に起きる人肉食は、本章では除外する。なぜなら本章の関心は、恒常的、定期的に行われる制度化されたカニバリズムにあるからである。危機的状況下の例としては、南米のアンデス山中に墜落した飛行機の生存者が、孤立無援の状態の中で、餓死を免れるために死者の肉を食べて生き延びたケース(36)や、旧ソ連や毛沢東時代の中国の穀倉地において、人災として発生した大飢饉の際に、極度の栄養失調に伴う幻覚症状により、人間を家畜と誤認して発生した人肉食などが挙げられる(37)。

社会システムに組み込まれた制度化されたカニバリズムは、まず第一に、食べる人肉が、既に事故や老衰などで死亡した人間か、それとも生きている人間を殺害したものか、によって分類できる。前者を死者のカニバリズム、後者を殺人カニバリズムと呼称することにする。

第二に、食べる対象が、同じ部族内の人間か、血縁関係のない部族外の人間かによって分類が可能である。前者を族内カニバリズム、後者を族外カニバリズムと呼称する。

この二つの区分を組み合わせると、世界のカニバリズム・システムを、四種類に分類することができる。すなわち「死者の族内カニバリズム」、「死者の族外カニバリズム」、「殺人族内カニバリズム」、「殺人族外カニバリズム」である(38)。

死者の族内カニバリズムは、死者の葬送儀礼の一環として行われるものである。その文化的な意味は、部族によっても様々だが、死者の肉を食べることにより、生者は死者が生前に有していた超自然的な力であるマナやフォースを体内に取り入れ、それを再生、もしくは継承するため、あるいは、生者に災いをなす死者の魂が戻って来れないようにするため、などである(39)。

死者の族外カニバリズムは、部族間戦争の際に行われるものである。戦死した勇敢な敵の戦士の人肉を食べることにより、彼の生前の勇猛さを、食べた人物が身に付けることができる、と考えられている。こうした考え方を「共感呪術」(40)と呼ぶが、これは、カニバリズムが行われている多くの未開の社会で見られるものである(41)。

殺人族内カニバリズムは、フィジーやニューギニアで頻繁に見られたものである。フィジーでは、夫が自分の歯痛を治すために、歯痛に効くと信じられている人肉を得るため、妻を殺害してその肉を食べた(42)。同じ部族内の女性を、様々な理由で殺して食べてしまうことは、ニューギニア奥地の諸部族の間では、一九六〇年代までありふれた行為であった。[43] 十九世紀半ばまでのフィジーでは、族内の病人やけが人、それに老い始めた初老の人々をすぐに殺していた。キリスト教の白人宣教師の観察によると、それまで親孝行に見えていた男でも、彼の親が初老にさしかかり、足腰が弱くなった途端に、首を締めて殺し、その人肉を食べてしまう。こうした殺人が広範に行われていたため、当時のフィジーには自然死が見受けられず、老人、病人、けが人、障害者などが存在しなかった。[44]

このフィジーのケースには、もちろん彼らの独特な宗教観が背景にある。フィジーの在来宗教では、価値があるのは霊魂だけであり、人間の肉体は霊魂を納めたただの容器に過ぎない。世界的には、神聖なものを納める容器にも神聖な価値を見出す宗教が少なくないが、フィジー人は、容器である肉体には特別な価値を見出さない。病気や怪我や老衰は、容器が壊れかかっていることを意味する。それで彼らは、大切な霊魂を、壊れかけた容器から解放するために、病人、けが人、老人を殺害するのである。[45] そして、人肉食が広範に行われていたフィジーでは、生前は自分の親であっても、既に霊魂が解放された死体は、ただの肉塊に過ぎない。だから彼らは、平然と自分の親の肉を食べたのである。

殺人族外カニバリズムは、中米のアステカ帝国や南米アマゾンの諸部族、ニューギニア、フィジー、ニューカレドニア、ニュージーランドのマオリ族などの南太平洋の島々、さらにアフリカの熱帯林に居住する諸部族の間などで、広範に見られたものである。本章の関心は、環境保全とカニバリズムの関係を明らかにすることにあるので、南洋文明に限定して検討する。

南洋文明の殺人族外カニバリズムは、部族間戦争を伴うことが多い。だが、戦争に付随してカニバリズムが生じると言うよりも、人肉の入手に伴い、部族間戦争が行われると言った方が適切である。とりわけニューギニアやフィジーなどでは、部族間戦争は正々堂々と行われるものではなく、敵の部族の油断の隙をつき、敵の部落を襲撃して、逃げ遅れた女性や子供を積極的に殺害する。人肉の入手が、すなわち人肉を食べることが目的であるため、敵の戦士との戦いよりも、女性や子供の殺害が優先され、如何にしてその死体を持ち帰るかが重要となる。(46)

ニューギニアで発生した最後の大規模部族間戦争は、一九五六年であった。この戦争では、イワム族のだまし討ちにあって敗れたマ族は、女性や子供も含めて四十四名が殺害された。勝利を収めたイワム族は、マ族の死体を一度には食べきれなかったため、人肉を薫製にして、近隣の友好部族に配った。その後、ニューギニアを国連信託統治領としていたオーストラリアの警察当局は、この虐殺事件の情報に接し、イワム族のリーダーだった勇士ナリ他約五〇名ほどを殺人罪で逮捕した。(47) ニューギニアで大規模な殺人族外カニバリズムが終息したのは、こうしたオーストラリア警察当局の取り締まりによるものであった。

ニューギニアでは、他部族の者を騙して殺害し、その人肉を食べてしまうことも少なくなかった。例えば、イワム族の勇士ナイティの弟ナカムは、パンノキが豊作だったと嘘をつき、シアンガン族の男達を食事に招待した。彼らがパンノキを満腹するまで食べ、満足して寝入ったあとに

襲撃して殺害し、その人肉を食べた。(48)

一九五〇年代までのニューギニアでは、人肉を入手するために、他部族の男達を騙して殺害したり、他部族の部落に秘かに接近して女性や子供を殺害し、その死体を持ち帰るといったことを、頻繁に繰り返していた。この地域における部族間戦争は、こうした人肉入手のための殺人事件が発端となることが少なくなかった。

フィジーでも、マオリ族の間の部族間戦争でも、人肉の入手が、戦争の目的の一つであった。人肉食を止めるように諭したある英国人に対し、マオリ族のある族長は、「海では、小さな魚を大きな魚が食べる。(49)空でも、鳥が同じことをする。人間が同じことをして、なぜいけないのか」と反論したと言う。

ある欧米人の記録によると、フィジーのある族長は、亡くなるまでに九〇〇人近くも食べており、(50)殺人族外カニバリズムは、定期的かつ頻繁に行われていた。フィジーでは、神に捧げる生け贄の人間は、他部族との交渉などによって入手し、しばらくの間充分に食物を与えて太らせてから、生きたまま丸焼きにして神殿に捧げ、その後、部族内で共食された。(51)

フィジーにおける人肉食が終息したのは、多くのフィジー人がキリスト教に回心した十九世紀後半になってからであった。それまでは、白人宣教師が人肉食を止めるよう諭しても、多くの族長が拒否し続けた。(52)

（2）殺人カニバリズムとエコロジー社会

ではなぜ南洋文明圏では、こうした凄惨な殺人族外カニバリズムが、恒常的に行われていたのであろうか。

実はこうした地域では、動物性タンパク質が極端に不足しているため、それを人肉で補っていたのである。ニューギニアのいくつかの部族では、摂取する動物性タンパク質の一〇〜三五％前後が、人肉によるものだったとの主張もある。[53]これらの地域では、植物性の食料だけでは、タンパク質、脂肪、それにビタミン類などが充分に摂取できず、栄養障害による病気が発生してしまう。だが肉類の脂肪には、ビタミンAやB類、それにDなどの栄養素が豊富に含まれているため、わずかな肉類を食べるだけで、三大栄養素の内のタンパク質と脂肪に加え、ビタミン類まで摂取することができ、栄養障害は解消される。[54]ゆえに同じニューギニアでも、豚を大量に飼育しているメルパ族は、人肉食を一切行わない。死者の族内カニバリズムさえも行わない。彼らの葬送儀礼は、他部族が人肉を用いて行っている葬送儀礼と同じ形式であるが、死者の肉の代わりに豚肉を使用している。[55]

南洋文明圏には、島々によって構成が異なるものの、豚、犬、ニワトリなどの食肉用の家畜がいる。だが、それらの家畜を充分な頭数飼育できなかった部族が多い。なぜなら、食べられる植物は、全て人間が食べてしまうからである。つまり南洋文明は、その地域の環境が扶養できる限界の人口に達していたのである。

南洋文明は、その地域の人口扶養能力の限界に直面しているにもかかわらず、環境を破壊して食料を増産する選択を採らず、自然と共生する道を選んだ。森林を消滅させてしまったイースター島は、例外的存在である。フィジーやニューカレドニアなどの多くの南太平洋の島々は、美しい風景を有しているが、それは、彼らが長年に渡って環境保全型のエコロジー社会を維持してきた成果である。

しかし、その代償は決して少なくはなかった。増え過ぎた人口を減らすためには、盛んに部族間戦争を行い、多くの女性や子供を殺害する必要があった。動物性タンパク質の欠乏を補うためには、盛んに人肉食を行う必要があった。

フィジーでは、人間の肉体を無価値な容器としか見ていなかったが、そうした人間観は、人肉食を広範に行う必要があったがゆえに生じたものである。フィジーの老人殺しや、病人、けが人殺しには、限られた食料を節約するのと同時に、生きている人間が動物性タンパク質を得られるという合理的機能があった。

このように、環境保全型エコロジー社会を築いた南洋文明では、殺人カニバリズムが広範に、かつ日常的に行われていた。こうした社会では、人間は、他部族からの襲撃を恐れ、常に恐怖におののく人生を送らざるを得ない。その上、フィジーでは年老いただけで殺されるため、人間は安らかに老後を送ることさえできない。さらに、女性の立場から見れば、夫の歯痛を治すためだけに、殺されてしまう妻もいる。生殺与奪の権利が他者に握られ、しかも食べるために殺されてしまう状態は、まさに家畜である。

フィジーでは太らせた捕虜を祝祭の日に殺害して食べていた。これも、人間を家畜と同様に見なしていることを意味する。南太平洋の島々のメラネシア・ピジン語では、人肉のことを動物の肉と同じ言葉で呼んでおり、ピジン・イングリッシュでは「長い豚《ロン・ピッグ》」と呼んでいた。狩猟で得た動物の運搬法と殺害した人間の死体の運搬法、それに豚の解体方法と死体の解体方法は同じであり、人肉と豚肉は区別されず同様に扱われていた(56)。

このように南洋文明では、女性の家畜化、人間の家畜化が行われていたのである。

4　結論　人類の選択肢は、二者択一ではない

以上より、南洋文明は、人間と環境との衝突を回避し、環境保全型のエコロジー社会を築いていた。だがその一方で、人間と人間との衝突の究極かつ最悪の形態である殺人カニバリズムが、環境を保全するための重要な要素として、そして文明存続のためのシステムとして、制度的に社会に組み込まれていた。

こうした殺人カニバリズムは、中南米やアフリカなどの熱帯林地域では広範に見られたものである。よって、現在まで維持されてきた世界の熱帯林の多くは、その森に住む諸部族が、こうした人間に厳しいエコロジー社会を維持してきたために、失われずに保たれてきたのである。

ギルガメシュが生まれたメソポタミアも、かつては広大な森林に覆われた大地であった。[57]シュメール人は、人間を生かすために森を破壊しつくした。その結果、メソポタミアは不毛の大地となり、結局、文明は崩壊した。

一方、南洋文明の人々は、森を、環境を守るために、人間と人間が殺し合ってその肉を喰らっていた。その上、人肉食に伴い、人道上最悪な人間の家畜化という現象まで発生していた。ギルガメシュは、一旦入手した文明存続の秘策を故郷に持ち帰ることができなかったが、その理由は、もはや明らかであろう。彼が知った環境保全型エコロジー社会は、南洋文明のように、人間を人間とは扱わず、多くの人間から尊厳を奪い、殺害するようなシステムだったのである。

南洋文明に代表される環境保全型エコロジー社会は、極めて非人道的な社会であった。では、人類に残された選択肢は、環境保全型非人道社会を採るか、環境破壊型経済優先社会を採るかの、二者択一しかないのであろうか。この二種類の文明システムしか、選択肢がないのであろうか。いや、そうではない。第三の文明システムがある。幸いなことに人類史には、人道的なエコロジー社会を築いた事例がある。それこそが、近世日本文明である。それについては、章を改めて検討することにする。

第六章　森林保全と人道主義の両立

1　問題の所在　人間にも環境にも優しい文明システムは存在するか？

多くの先行研究[1]によって明らかにされているように、江戸時代の日本は、高度なエコロジー社会を構築していた。その構築を可能とした要素は、次の三点に凝縮できる。すなわち、人口抑制の成功、リサイクル社会の実現、積極的な植林事業、である。

まず、人口抑制の成功について、概述しよう。地球の気候は温暖化と寒冷化を繰り返すが、室町時代頃より始まった寒冷化は、江戸時代前期の十七世紀に、さらに気温が低下した。第一小氷期である[2]。気温が低下することにより冷害が発生し、単位面積当たりの穀物生産量が減少する。

諸外国の多くのケースでは、穀物生産量の減少に伴い飢饉が発生し、政府と農民とが食料を奪い合う農民反乱や、地域や集団どうしが食料を奪い合う戦乱が勃発する。そして、食料生産量に見合う数まで、あるいはそれ以下にまで人口が減少して、ようやく戦乱が終息し、平和が戻る。ちょうど同じ時期の中国大陸では、農民反乱を指導した李自成の乱によって明が滅亡（一六四四年）し、人口が大幅に減少した。ある推計では、一六〇〇年の約一億五〇〇〇万人から、一六五〇年には約一億人へ減少したとされる(3)。このような人口崩壊現象は、言うまでもなく、極めて厳しい人道危機を引き起こすものであり、我々は肯定し得ない。また、当時の欧州でも、食料不足に伴う庶民の体力と免疫力の低下により疫病が流行し、魔女狩りが頻発、人口は減少した(4)。

一方、同じ時期の日本は、既に第四章で述べたように、人口の急成長期であった。十七世紀初頭に一二〇〇万人程度であった人口が、十八世紀初頭頃には三〇〇〇万人ほどにまで増加したが、その理由は、日本全国で多くの田畑が新たに開墾され、約一世紀の間に、耕地面積が五割も増加したからである。

つまり、単位面積当たりの穀物生産量の減少を補うために、耕地面積を拡大して寒冷化の危機を乗り越えたのである。この時代の日本には、大河川下流域のデルタ地帯などをはじめ、未開墾の土地が充分にあったことが幸いした。

その後、前述のように(5)、近世日本は人口の抑制に成功し、十八世紀から十九世紀の半ば頃まで、約一世紀半に渡り、三〇〇〇万人強の人口を維持した。これにより、日本の環境は保全され、生態系の破壊は食い止められた。

このように、近世後半の日本は、エコロジー社会構築の大前提である人口抑制に成功した。では日本は、エコロジー社会を構築するために、物質的な豊かさを追求する経済重視の社会を、エコノミー社会を、犠牲にしたのであろうか。

もちろん、そうではない。近世日本は多くの商品を生産し、物質的な豊かさも増大させていた。近世の日本人は、エコロジー社会とエコノミー社会を両立させることにより、人間にも環境にも優しい文明システムを構築していたのである。

では、如何にして、エコロジー社会とエコノミー社会の両立を実現したのか。それを可能としたものこそ、リサイクル社会と、積極的な植林事業である。

2　近世日本におけるエコロジー社会とエコノミー社会の両立

(1) 勤勉革命とリサイクル社会

近世以前においては、多くの商品は土地から生まれる。食料、布地、その布地を染める染料(藍や紅花など)、それに茶、酒、タバコなどの嗜好品の生産は、全て農地を必要とする。例えば、近世日本で用いられた布地は、主として絹、木綿、麻の三種類であるが、絹の原料となる繭を生産するためには、繭を作る蚕を養うために、大量の桑の葉が必要である。つまり、多くの絹を生産するためには、多くの農地を桑畑にする必要がある。木綿の生産には綿花畑が必要であり、麻の場合も同様である。

また、陶磁器や金属製品は、製造する際に大量の薪や木炭などの燃料を必要とする。そうした燃料は、全て森林から供給される。

したがって、物質的な豊かさを追求するためにそれらの商品の生産量を増やせば、必然的に、農地の拡大のために、あるいは燃料用薪炭の獲得のために、森林を次々に伐採することになる。つまり、エコロジー社会とエコノミー社会は、本来反比例の関係にある。(6) だが近世日本は、農地を拡大せずに農産物を増加させることに成功した。それが、勤勉革命である。

経済学的な見地では、商品の生産は、資本、労働、土地、の三要素が組み合わされて行われる。英国で発生した産業革命が、投下資本量を増加させることによって商品生産量を飛躍的に増加させた資本集約型の生産革命だったのに対し、近世日本の勤勉革命は、投下労働量を増加させて商品生産量を増加させた労働集約型の生産革命であった。(7)

この勤勉革命により、近世日本は、農地に労働力を多投することによって、単位面積当たりの生産量を増加させることに成功した。労働力の多投とは、例えば、田畑をより深く耕し堆肥を敷き込み、雑草を農民がこまめに取ること、などである。(8) これにより作物は良く育ち、豊かな実りをもたらすようになり、単位面積当たりの収穫量が増大した。こうした農民の努力により、十八世紀以降の日本は、農地面積を増やすことなく様々な作物の収穫量を増やすことができたのである。

では次に、陶磁器や金属製品は、一体どのようにして量を増やしたのであろうか。本来それらの生産量を増加させるためには、より多くの燃料用薪炭を調達しなければならず、それは森林資源の過剰消費をもたらし、森林を荒廃させる。古代に栄えたクレタ文明やギリシャ文明は、燃料用薪炭の過剰消費によって森林を消滅させ、滅亡した。(9) だが近世日本は、森林を保全しながら、陶磁器や金属製品の量を増やした。それを可能にしたのは、リサイクル社会が実現したからである。

商品は、生産、消費、廃棄、といったサイクルをたどる。例えば陶磁器の場合、毎年、生産された数と同じ数が廃棄されたならば、社会が使用する陶磁器の総数は変わらない。したがって、人々が使用する量を増やすためには、生産数を増加させなければならない。だが、高度なリサイクル社会が実現し、壊れた陶磁器の多くが修理されて再生されたならば、毎年の生産数を増やすことなく、社会への供給量を増加させることができる。

簡単なモデルで考えてみよう。あるところに一〇〇世帯からなる村があるとする。この村は毎年陶磁器を一〇〇個ずつ生産して使用しているが、その陶磁器は平均一年で破損して廃棄されているとする。つまり、毎年一〇〇個ずつ生産しているにもかかわらず、同数が廃棄されるため、一世帯当たりの平均所有数は一個のままである。もし、村人達がより豊かな生活をしたいと思い、一世帯当たり五個ずつ所有しようとすると、この村は、陶磁器を毎年五〇〇個ずつ生産しなければならない。陶磁器を焼く燃料の薪は、近くの里山から調達しているが、森を荒廃させずに持続的に調達できる薪の量は、その里山の森林資源の二%に相当し、それは陶磁器一〇〇個分を焼く量だとする。

この場合、もし村人達が豊かな生活をするために、毎年陶磁器を五〇〇個ずつ生産したならば、里山の森林資源の一〇%を毎年消費することになる。森林の回復能力は一年に二%ずつなので、差し引き八%ずつ、森林資源は毎年減少していく。これを毎年続ければ、わずか十二年ほどで、その村が所有する里山の森は消滅してしまう。

しかしリサイクルを行えば、里山を保全したまま、豊かな生活が実現する。それまで廃棄処分にされていた割れた陶磁器のうち、粉々に砕けたものが五〇個、「焼き接ぎ」や漆などでつなぎ合わせる「金継《きんつ》ぎ」と呼ばれる手法などで修復可能なものが、五〇個あったとする。焼き接ぎは江戸時代後期に発明されて安い陶器の修理に用いられ、金継ぎは趣《おもむき》があるため、現在でも高価な陶磁器を中心にしばしば行われている手法である。(10) そこでその五〇個を、村人達は修理し、再び使い続けることにしたとする。毎年一〇〇個ずつ生産し、五〇個ずつ廃棄するため、村全体の陶磁器所有数は、毎年五〇個ずつ増加していく。すると、一〇年足らずで村全体の陶磁器所有数は五〇〇個に達し、一世帯当たり五個ずつ陶磁器を所有できる、豊かな生活が実現する。

近世の日本では、(11) 陶磁器や金属製品、それに布地など、多くの商品がリサイクルされ、再利用されていた。(12) 江戸時代の後半になると、普通の農民が、近隣諸国の農民と比べて、はるかに豊かな生活を享受できるようになったのは、こうした高度なリサイクル社会を構築していたからであった。

(2) 生態系扶養能力の成長

加えて、近世日本が築いたエコロジー社会の最大の特徴は、生態系の扶養能力自体を成長させたことにある。近世日本は、積極的に植林事業を行い、森林を育成した。それまでの収奪的な採取林業から、育成林業へと転換したのである[13]。

森をつくり、森を育てることにより、森は豊かな養分を含んだ土壌を生み出した。その森の養分は、川の生態系を、近海の生態系を、豊かにした。沿岸の漁場は、多くの海の幸を毎年もたらすことができるようになり、それにより、近世日本は、沿岸漁業によって動物性タンパク質を摂取することができるようになった。同じくエコロジー社会であった南洋文明が、人肉食により動物性タンパク質を摂取しなければならなかったのとは、対照的である。

森林生態学の常識では、傾斜地は土壌の養分が流出しやすく、森林が荒廃し疎林になりやすい[14]。だが日本では、高地の傾斜地にも豊かな森が育ち続けた。その理由は、大量の鳥類が存在したからである。日本では、カラスをはじめ多くの種類の野鳥が食用の対象外であった。そのため、沿岸で魚を食べた海鳥が陸で糞をすることにより、海に流出した養分をもう一度陸へと戻し、陸では、人里で昼間餌をあさったカラスなどの鳥が、夜には山へ帰って糞をすることで養分を運ぶという、海、里、山を結ぶ生態系の循環システムが形成された[15]。近世日本は、経済システムだけでなく、生態系システムにおいても、高度な循環型システムを構築していたのである。

このように近世日本文明は、戦争や殺人カニバリズムといった深刻な人道危機を回避し、平和的な方法で人口を抑制した。そして、リサイクル社会を実現させて循環型経済システムを構築し、木を植え森を育てることにより、生態系の扶養能力を成長させながら、循環型生態系システムを構築した。エコノミーとエコロジーを両立させるのと同時に、両システムをいずれも成長させることにより、環境を保全しながら一人当たりの富を増加させ、日本人一人一人が物質的な豊かさを享受できる社会を構築した。近世後期の日本人は、普通の農民であっても、茶、酒、タバコなどの嗜好食品を消費した。加えて、勤勉革命による生産量の増加によって入手した資金を、読み書きなどを中心とした子弟の教育に投資する農民も多かった。

それでは、近世日本が自然と共生しながら、物質的に豊かな社会を構築できた大前提にあるものは、何であろうか。すなわち、人口抑制、リサイクル社会、植林事業の三点を可能とした社会を形成した精神は、エートスは、何であろうか。

それこそが、武士道である。

3　武士道とエコロジー社会

（1）殺人刀《せつにんとう》から活人剣《かつにんけん》への転換

江戸時代は、多産多死社会から少産少死社会へと、徐々に移行していった。[16] その背景には、平和の構築と治安の安定がある。現在の途上国を見るまでもなく、戦乱が頻発する社会や、治安が極度に悪く警察が機能していない社会では、家族や血族の生存の確保は、自らの腕力に頼らなくてはならない。そのために必要なのは、家族の人数、とりわけ男性の人数を増やすことである。二兄弟より三兄弟のほうが、さらには四兄弟、五兄弟のほうが、家族の安全をより確保しやすい。(17)途上国の貧困層が多産なのは、家族の安全保障を確保するという側面もあるからである。したがって、平和が確立し、治安が強化されることによって、家族の生命と財産を家族自身の腕力で守る必要がなくなれば、多くの男児を出産する必要性は低下する。つまり、多産の誘因は低下し、少産化へと向かいやすくなる。現在の途上国では、食料事情と衛生状況の改善により、少死化の傾向にあるにもかかわらず、多くの途上国で未だに多産が続いているのは、政府や警察の能力が低く、治安が安定しないからであろう。

江戸時代における平和の確立と治安強化をもたらした思想的基盤は、柳生宗矩《むねのり》の活人剣《かつにんけん》の思想に求められる。近畿地方の地侍であった柳生家は、優れた剣術などが評価され、徳川家康に召し抱えられた。宗矩は、二代将軍秀忠、次いで三代将軍家光の兵法師範となった。家光が十七歳の時から、宗矩は剣の師、人生の師として指導にあたった。家光は、成人して将軍となってからも、しばしば宗矩に助言を求めるほど、信頼を寄せていた。(18)

その宗矩が、家光を啓発する書として著したのが、『兵法家伝書《へいほうかでんしょ》』(19)である。活人剣とは、その中に記された思想であり、その要旨は、以下のようなものである。武士が持つ刀は、本来は人を殺すための武器である。だが、万民を苦しめる極悪非道の悪人を斬れば、無辜《むこ》の万民を救うことができる。つまり刀は、人を生かすための利器になる。

柳生宗矩は、人を殺すだけの殺人刀《せつにんとう》から、人を生かすための活人剣への転換を強調した。だがここで重要なのは、そもそもなぜ武士の刀は、それまで殺人刀であったのか、という点である。周知のように、江戸時代の前の戦国時代は、日本全国で戦乱が頻発し、多くの人々が殺された時代であった。それではなぜ、戦乱が頻発したのか。武士達はなぜ、多くの人々を斬り殺したのか。その理由は、気候変動によって食料の生産性が低下し、食料危機が生じたからである。

前述のように、室町時代より始まった気候の寒冷化により、米をはじめとした穀物の生産性は、徐々に低下していた。食料の生産性低下が戦乱を発生させるメカニズムを、簡単に考察してみよう。

あるところに、一〇〇反の水田を持つA村があったとする。一〇〇反の水田からは一〇〇石の米が収穫できる。そして、一石とは、成人一人が一年間生きることができる量のことである。もともと一人分の年間必要穀物量が一石とされ、その一石を生産できる田の面積が一反である。つまりA村の水田は、成人一〇〇人を扶養できる。だがここでは、子供二人で成人一人分の米を消費すると見なし、そのA村の人口を、成人男女各二十五人、子供一〇〇人、計一五〇人と設定する。

ある年、気候寒冷化による深刻な冷害が発生し、A村の収穫量は激減、五〇石の米しか収穫できなかったとする。この場合、A村の村人達には、どのような選択肢があるだろうか。

一つ目は、村人全員が餓死するという選択肢である。五〇石の米を全員で平等に分配すれば、全員最初の半年間だけ生きることができる。だが、春の田植えの頃には、食料が尽きて全員餓死してしまう。平等で公正な選択肢ではあるが、生存戦略にはなり得ない。

二つ目は、村人の半数だけが生き延びるという選択肢である。つまり、五〇石の米を不平等に分配することによって、半数を餓死させて、残りの半数だけが生き延びるのである。だがこの選択肢の場合、村人の中の誰が生き延び、誰の命を絶つかで、村内は揉めに揉めるであろう。米の分配をめぐり、村内で殺し合いも生じるであろう。激しい殺し合いによって村落共同体が崩壊し、そのうえ水田が荒廃してしまったら、集団による共同作業や、用水路などの農業インフラを必要とする水田稲作農業は、翌年以降不可能になってしまい、米の生産量はさらに減少するであろう。したがってこの選択肢も、有効な生存戦略にはなり得ず、選択するのは困難である。

もっとも、大飢饉が発生しやすい中国大陸の一部の地域では、こうした場合、子供達を殺して大人達が生き延びる慣習がある。[20] たとえ子供達を全員殺すことになっても、生殖能力のある成人男女さえ生き延びれば、翌年、あるいは翌々年になって、飢饉が過ぎたあとに、また子供を産めば、家系が絶えることはない。生存戦略としては、確かに合理的ではある。

だが、年々気候が寒冷化する中では、凶作を一年乗り越えても、翌年豊作になって、子供を再びつくれるという保障はない。もし翌年がより酷い冷害となり、米の生産量が四〇石となってしまった場合、今度は成人一〇人を餓死させなくてはならなくなる。こうした状況が続けば、村落共同体そのものが崩壊してしまう。それに何よりも、自分の子供を殺すのは、普通の人間にとっては、やはり忍びないであろう。多くの人々にとって、このような選択肢を選ぶことはできまい。そこで選ばざるを得ないのが、三つ目の選択肢、他村からの食料の強奪である。この選択肢ならば、うまくいけば、村人のほぼ全員が生き延びることも不可能ではない。だが、冷害でA村が凶作に陥っている時には、隣のB村もまた、凶作に陥っているはずである。したがって各村々が、お互いに自らが生き延びるために、食料をめぐって相争うことになる。こうした村落間の戦闘や衝突の際に、村人達の指揮を執って活躍したのが、村落領主層の地侍である。十六世紀の日本では、全国の多くの村々がこの選択肢を選んだがゆえに、戦国時代が到来したのである。(21)

しかし、不足する食料を他村から強奪する手法は、たとえ成功したとしても、一時的に食料危機を乗り切るだけであり、持続的かつ安定的に食料を確保することはできない。持続的に必要量の食料を確保するためには、前述のように、新たな田畑を開墾し、寒冷化による生産性の低下を、農地面積の拡大によって補わなくてはならない。

だがこの時期の日本に残されていた主な未耕地は、村レベルでは、すなわち数十人程度の労働力では、開墾不可能な大河川のデルタ地帯である。こうした大規模開墾に必要な数千人もの労働力は、地侍レベルでは調達できない。そこで、そのニーズに応えて成長してきたのが、戦国大名である。各地の戦国大名は、大規模な労働力を動員し、大規模開墾に努めた。例えば、戦国大名として有名な武田信玄は、釜無川と御勅使川《みだいがわ》の合流地点に堤防を築いて治水を行った。これが有名な信玄堤である。これにより釜無川と御勅使川の氾濫原は、豊かな穀倉地帯へと転換した。(22)

とは言え、こうした大規模土木事業や新田開発は、過酷な重労働である。自国の農民だけによって、必要な労働力を確保するのは容易ではない。ゆえに戦国大名達は、大量の労働力を調達するために、お互いに近隣諸国を盛んに侵略し、村々を襲い、盛んに戦《いくさ》をすることになった。(23) 武田信玄ら戦国大名配下の下級武士達が、しばしば戦闘そっちのけで人さらいに励み、しかも鍬や鎌などの農具まで略奪していたのは、(24) 戦の主要な目的が、労働力、とりわけ農業労働力の調達にあったからに他ならない。

こうした戦国大名らの新田開発によって食料は増産され、全国的な食料危機は克服された。戦乱が治まり、平和が訪れたのは、徳川家康が政治家として優れていたからだけではない。食料危機が去り、もはや食料や労働力を奪い合う必要がなくなったからである。江戸時代初期の人口一二〇〇万人に対し、全国の石高は一八〇〇万石であった。つまり、一人当たりの食料は一・五石分もあったのである。十八世紀半ばになると人口約三〇〇〇万人に対し全国石高約三〇〇〇万石となり、一人当たり食料は一石に低下した。(25) したがって、戦国大名の食料増産は、実に大規模なものだったのである。

こうした社会情勢の転換により、地侍達は、自村の村人達を生き延びさせるために、他村の村人を殺して食料を強奪する必要はなくなった。もはや、殺人刀は必要なくなったのである。こうした時期に、柳生宗矩は、殺人刀から活人剣への転換を強調したのである。

これは、武士のアイデンティティーを、殺人者から警察官へと転換させたのだとも言える。戦国時代においては、多くの武士は、自村や自国の人々から見れば、自分たちの生命や財産を守る保護者であったが、[26]他村や他国の人々から見れば、略奪者であり殺人者であったはずである。つまり戦国武士は、保護者と殺人者という二面性を持っていた。活人剣の思想的意義は、武士の役割から略奪者や殺人者としての側面を切り捨て、人を生かす保護者としての側面のみを強調した点にある。この活人剣の思想が、将軍家を通じ各大名へ、そして、柳生心陰流剣術の修行を通じて多くの武士達へと伝わった。[27]それにより、多くの江戸時代の武士達にとって、他者を生かすことが自らの武士としての存在意義となったに違いない。

刀は、武士の魂である。戦国武士が身に帯びた刀は、たとえ自らが生きるためであったとしても、他者を殺《あや》める殺人刀であった。しかし江戸時代に入り、武士の刀は、他者を生かす活人剣となった。すなわち、他者を生かすことが、江戸武士道の根幹に据えられたのである。

山本常朝《つねとも》は『葉隠』の中で、「武士道とは死ぬことである」と述べた。[28]果たして、武士は何のために死ぬのか。もちろん、大義のためである。では、大義とは何か。具体的な事例としては様々だろうが、その根幹にあるのは、他者を生かすことである。常朝は、宗矩の高弟で鍋島元茂の家老だった村川伝右衛門の甥である。[29]江戸時代中期になると、柳生宗矩の時代よりさらに一歩進んで、他者を生かすために自らの命を捧げることが、武士道精神の真髄に位置付けられるようになったのである。

このように、江戸時代の武士道は、人を、他者を生かす活人剣の思想を根幹に据えた。人を生かすために、平和を確立し治安を強化した。それにより、民衆の生命や財産の安全が確かなものとなった。それが結果的に、民衆の少産化をもたらし、人口抑制が実現する前提条件となったのである。

(2) 活人剣思想とエコ・ライフ

活人剣思想はまた、リサイクル社会実現の前提条件でもあった。人を生かすためには、とりわけ、ただ単に命をつなぐだけではなく、人を人として活かすためには、民衆に重税をかけてはならない。重税をかければ、支配者階層である武士は贅沢な生活が送れるが、民衆は塗炭の苦しみを味わう。極貧生活を余儀なくされた者は、「貧すれば鈍する」状態となって、もはや他者のことを考慮する余裕もなくなり、道徳や倫理は廃れ、人の道を踏み外す者も数多く現れるであろう。現在のアメリカをはじめとした諸外国のスラム街が、まさにこうした状態である。多くの民衆が人の道を踏み外し、他者の生命や財産を脅かすような状態となれば、そのような社会は、人を活かす活人剣思想に明らかに反する。民衆が皆、自らすすんで人の道を歩むことができるような社会を構築することが、活人剣思想を根幹に据えた江戸武士道に基づいた仁政であろう。

当時の幕府、藩、代官などにとって、仁政を行うことが為政者としての務めであると認識されていたため、農民達が年貢の減免を要求すると、江戸時代の為政者達は、しばしば仁政の名の下にそれを受け入れた(30)。既に明らかにされているように、江戸時代の実質税額は極めて軽いものであった。例えば幕府直轄領である越後では、形式上は四公六民であったが、実際の米生産量は、代官が把握している量の二倍もあったため、実質的には二公八民であった。(31) その上、幕府直轄領では、年貢は、米、麦、アワ、ヒエ、豆の五穀のみが対象だったため、特産品である越後縮などの手工業製品には、年貢は賦課されなかった。もちろん地域によって差も大きかったであろうが、江戸時代の実質税額は、かなり軽かったのである。

江戸時代は軽税社会であったため、そのしわ寄せは、支配者階層である武士層に寄せられた。下級武士が極めて質素な生活をしていたことは周知の通りであるが、松本藩の藩財政を立て直した恩田杢《もく》のように、上級武士である家老の中にも、極めて質素な生活を率先して行った者もいた。(32) 恩田は藩政改革の大役を任せられた折、自らの襟を正すため、自らとその家族、さらには直属の部下に対してまで、食事は常に一碗一汁とし、着物は全て木綿製のみとすることを課した。彼は質素過ぎる食生活で体を壊したのか、大役を任されてから四年ほど後、四十六歳の時に病に伏して亡くなった。恩田は、まさに自らの命を捨てて、藩を、藩民を、活かそうとしたのである。

多くの武士が質素倹約をしたのは、直接的にはもちろん、自らの財政事情によるものである。だが、支配者階層が率先して質素倹約に務め、しかもそれが道徳的に正しい行為とされ、奢侈禁止令などとして、多くの庶民にも半ば強制されたことは、リサイクル社会が実現するのに、大いに役立ったことは想像に難くない。もし日本の武士層が、諸外国の支配者階層のように、重税をかけて民衆に辛酸を舐めさせつつ、自らのみが贅沢三昧の生活をしていたならば、多くの民衆は質素な生活を嫌い、贅沢な生活にあこがれ、運良く一財産を形成した者は、資産を浪費して豪勢な生活をし、環境に大きな負荷をかけたであろう。よって、質素倹約に務めた武士層のライフ・スタイルは、リサイクル社会に、ひいてはエコロジー社会の実現に、極めて望ましい影響を与えたのである。

その上、軽税政策は経済成長をもたらす。納税額が少なくなれば、すなわち、支配者階層が吸い上げる資金が少なくなれば、その分、庶民の手元に残る資金の量が増加する。その資金により、一般庶民は大衆商品の購入を増やし、生産者は手工業などへの投資額を増やす。つまり、需要と投資の両方が拡大する。それにより生産は増加し、経済は成長する。江戸武士道によってもたらされた軽税政策は、経済成長も同時にもたらしていたのである。

活人剣思想はさらに、積極的な植林事業の展開にも、大きな影響を与えた。人を活かすことが武士道であり、武士道を体現した政治が仁政であるならば、治山治水に努めて民衆の生命を守り、その生活が向上するように努めることは、仁政の必須条件である。前述のように、一六六六年に、幕府は治山治水を目的に「諸国山川《さんせん》掟」を定め、川の上流に植林し、土手には竹林を育成するように指導した。また同時期には、陽明学者の熊沢蕃山が、薪炭用の林を育成することを説いていた。[33]

各藩や武士の知識人が治山治水を説き、積極的に植林を進めたのは、農民が年貢負担者であるため、年貢を安定的に確保する必要上、洪水などから農民の命を守る必要性があった、ということもあるだろう。だが、諸外国と比較した場合、日本の武士ほど、庶民の生命を大切にした支配者層はいない、と言っても過言ではない。日本のすぐ隣の国では、二十一世紀の現在においても、一般庶民がまるで虫けらのように殺されている現状を見れば、比較するまでもない。日本の武士がこれほどまでに民衆の生命を大切にしたのは、やはり活人剣思想を抜きには考えられまい。

4 結論

(1) 第三の選択肢としての近世日本文明

以上より、活人剣思想を根幹に据えた江戸武士道は、治安強化、軽税政策、自らの質素倹約、それに、積極的な植林事業も含んだ治山治水により、エコノミーとエコロジーの両方を同時に成長させた。つまり、自然と共生しながら、物質的に豊かな社会を構築した。それにより近世日本文明は、エコロジー社会と人道社会を両立させることができた。そして、この両立に成功したのは、古今東西の諸文明の中で、近世日本文明だけである。

既に検討したシュメール文明は、多くの人々を餓死から救うために、すなわち、人間の命を救うために、エコロジー社会と決別してエコノミー社会を優先した。その末路は、文明の滅亡である。

一方、南洋文明は、自然と共生するエコロジー社会の維持を優先したために、エコノミー社会

図表２　環境と人道から見た十八世紀の文明

社会／環境	環境破壊	環境保全
非人道社会	イースター文明	南洋文明
人道社会	近代西欧文明	近世日本文明

は貧弱な状態に止まり、その結果、人間が生きるために必要な動物性タンパク質や脂肪の不足を引き起こした。そしてそれを補うために、殺人カニバリズムを社会システムの中に組み込まざるを得なかった。

つまり、前者は環境破壊型経済優先社会であり、後者は環境保全型非人道社会であった。

だが、江戸時代の日本は、エコノミーとエコロジーを両立させ、自然と共生する平和で豊かな社会を構築した。近世日本文明は、環境保全型人道社会であり、人間にも環境にも優しい文明システムだったのである。

それでは、その他の古今東西の諸文明は、環境と人道という視点で見た場合、どのように分類できるのであろうか。そして、上記のような特徴を持つ日本文明は、文明の衝突が喧伝され、地球環境の破壊が進む現代社会において、どのような貢献ができるのであろうか。

（2）各文明システムの比較検討

これまでの検討を踏まえて、古今東西の諸文明を、環境と人道の二つの視点から分類してみよう。図表2は、十八世紀における四つの文明を分類分けしたものである。イースター島の文明は、ポリネシア系の民族によって形成されたものであり、

図表3　経済と生態系から見た諸文明

	環境	人道	経済社会	生態系 扶養能力	文明の帰結
イースター文明	×	×	成長	低下	滅亡
南洋文明	○	×	一定	一定	持続
シュメール文明	×	○	成長	低下	滅亡
古代ギリシャ文明	×	○	成長	低下	滅亡
近代西欧文明	×	○	成長	低下	燃料革命で先送り
現代文明	×	○	成長	低下	21世紀に滅亡か？
古代エジプト文明	○	○	一定	一定	持続
古代インダス文明	×	○	成長	低下	滅亡
近世インド文明	△	○	一定	一定	持続
近世中華文明	×	△	成長	低下	地理的拡大で先送り
近世日本文明	○	○	成長	成長	持続

（注）「環境」欄の○は保全、×は破壊を意味し、「人道」欄の×は人肉食の制度化があり、○はないことを意味する。中華文明は、一部の地域において、飢饉の際に制度化された人肉食があるため△とした。

南洋文明と起源を同じくする。だが他の南太平洋の島々と異なり森林を消滅させてしまったため、文明自体も滅亡してしまった。よって、環境を保全して文明を持続させた南洋文明とは区別する必要がある。

図表3に示したように、イースター文明は、モアイ像の建設などの土木事業によって、経済を成長させた。それにより環境を破壊することになり、生態系の扶養能力が低下した。その結果、減少した食料を求めて殺し合いが生じ、さらには、人間が人間を喰うために殺し合う、殺人カニバリズムが横行するに至り、結局滅亡してしまった。

古今東西の諸文明のうち、文明が長期的に持続し得たのは、図表3に示したように、ごくわずかである。南洋文明は、殺人カニバリズムが制度化されて社会に組み込まれており、人道上、極めて大きな問題がある。現代に生きる我々が、こうした文明システムを選択することは不可能である。古代エジプト文明(34)や近世インド文明(35)については、詳しい検討は今後の課題であるが、後者については、現在の森林被覆率が二割程度であることを見れば、必ずしも環境保全型の文明であったとは言えまい。となると、人類が学ぶべき最良の過去の経験こそが、近世日本文明なのである。

その近世日本文明の最大の特徴は、生態系扶養能力を成長させた点にある。それにより、人間と人間との衝突を回避し、人道社会を実現しつつ、環境を保全することに成功した。管見の限りでは、主要な文明で、生態系扶養能力を成長させた例は他にはない。生態系扶養能力を一定に保ったままで無理に環境保全を行おうとすれば、南洋文明のような非人道社会が誕生しかねない。よって我々は、エコロジー社会としての近世日本文明を、そして、そうした社会を構築可能にした、活人剣思想を根幹に据えた江戸武士道の精神を、再評価せねばならない。

ところで、同じポリネシア人が築いたイースター文明と南洋文明は、なぜ一方は環境を破壊し尽くして滅亡し、もう一方は、人道上問題のある手法を制度化したとはいえ、とにもかくにも、環境を保全して存続し続けることができたのであろうか。

それは、経験の違いである。イースター島には、標高の高い山がなかった。標高一〇〇〇メートル以上の山があれば、たとえ過剰伐採によって森林が激減したとしても、降雨量は減少しない。なぜなら、海から島に向かって吹く水分を含んだ風が、山にぶつかり上昇気流となって雲をつくり、そのふもとに雨を降らせるからである。そのため、人口崩壊が生じて人間による伐採量が減少すれば、森林は自然に回復する。

ところがイースター島の場合、最も高い山の山頂ですら、五〇〇メートルほどしかなかった。(36) ゆえに、いったん森林面積が減少すると、それまで森林から蒸発していた水蒸気の量が減少するため、降雨量も減少してしまう。つまり、森林面積が減少すればするほど降雨量も減り、森林の回復能力は不可逆的に低下していくのである。そのためイースター文明は、瞬く間に全ての森林を食い尽くし、消滅させてしまった。

一方、南洋文明は、タヒチをはじめ、標高の高い島があった。そうした島では、いったん森林が減少しても、降雨量が減らないため、人口崩壊に伴い伐採量が減少すれば、森林は自然に回復する。そうした森林の破壊と回復を何度か経験すれば、森林保全の重要性に対する理解が進み、環境保全型の社会システムを構築することが可能となる。そして、南洋文明に属する島々の多くには、そうした高山を持つ一部の島の経験が、交易活動などの交流と共に広がり、南洋文明全体として、貴重な経験を共有することができたのに違いない。

それに対し、イースター島は、ポリネシア人の交易路から遙かに離れた絶海の孤島であり、他のポリネシアの島々との往来は、皆無であった。つまり、地理的な理由により、イースター島は、他のポリネシアの島々と、情報の共有ができなかったのである。

(3) グローバル時代における日本文明の使命

よって今後の世界においては、人類史上における最良の経験、すなわち、近世日本文明の経験を、全人類の文化遺産として共有する必要がある。既に日本は、官民挙げて中国大陸をはじめ多くの地域で植林活動を進めている。現在、中国で植林活動を行う日本の民間団体は、一〇〇近くにまで達している。[37] だが現状において、植林の意味が、そしてその精神が、伝わっているか否かは、甚だ疑問である。

例えば、ある日本の民間団体は、中国の農村にアンズの木の植林を行っている。植林活動に対する理解が得られず、失敗する村も多々ある中で、呉城村では、見事に成功を収めた。団体の代表者がその村を訪問した際、村人達は彼に深く感謝した。アンズの木のおかげで村の収入が増え、大学進学率が上昇した、と。[38]

果たして呉城村の村民は、植林活動の意味を理解しているのであろうか。いや、理解してはいまい。彼らが感謝しているのは、村の収入が増えたからである。もし、苦労して植えたアンズ林であっても、皆伐してカシミヤ山羊のための牧草地にすれば、より大きな利潤が得られると判断すれば、おそらく彼らは、アンズの木を迷わず切り倒すであろう。そもそも中国の森林の多くが消滅し、牧草地が砂漠化したのは、長年に渡り多くの人々が、短期的な経済合理性を追求し続けてきたからに他ならない。

したがって、グローバル時代において日本が果たすべきことは、単に木を植えて砂漠を緑化することだけではない。日本人がいくら努力をして木を植えても、その意味するところが伝わらなければ、その木はやがて切り倒され、元の木阿弥となってしまう。今、日本がすべきことは、その精神を伝えることである。生態系扶養能力を成長させるには、長い年月がかかる。多くの人々が汗を流し、多大な投資をしなければならない。しかもそれによって得られる利益は、自分が生きている間にはもたらされないかも知れない。そう考えるならば、木を植えることは、まさに自己犠牲的である。自らを犠牲にして他者を活かすのは、確かに、容易なことではないかも知れない。

だが、身を捨ててこそ浮かぶ瀬もあれ、という言葉もある。自分の身を捨て、捨身によって他者を活かすことによって、初めて自らも活きるのではないか。それこそが、『葉隠』の精神であり、活人剣の精神であろう。

グローバル時代の今日、環境問題は全地球規模の問題である。文明間の衝突と地球環境破壊により、現代文明が崩壊する際には、日本文明も無傷ではすまない。日本文明のみが、単独で生き残るのは容易ではない。つまり、他者=他文明を生かすことによってはじめて、文明間の衝突を防ぎ、地球環境破壊を防ぐことができる。他者=他文明を生かすことは、実は、自らを、日本文明を、生かすことにも直結するのである。

他者を活かすことによって自分をも活かす活人剣の思想は、言葉を換えれば、プラスサム的な思考である。それに対し、戦国時代までの、自分のために他者を犠牲にする殺人刀の思考様式は、明らかにゼロサム的な思考である。近世の日本人は、殺人刀から活人剣へと、考え方を大きく変えることができた。それにより、環境保全と人道を高い水準で両立させた社会を、構築することができた。近世の日本人にできたことならば、現代に生きる我々にも、できないはずはない。

現在の世界は、日本史上における戦国時代にあたり、今後の世界は、地球環境問題などのために、世界は「江戸化」する、との主張がある(39)。確かに、そうかも知れない。現在の世界は、環境を破壊しながら経済を成長させている。その上、人間同士が頻繁に対立、衝突している。まさに、戦国時代である。だが、自動的に世界が江戸化するとは限らない。

このまま多くの人々が、個人的かつ短期的な経済合理性を追求し、環境を破壊し続けるかも知れない。そうなれば、現代文明の末路もまた、イースター文明などと同様である。

だが幸いにして、人類にはもう一つの貴重な経験があり、選択肢がある。その経験と、その精神を伝え、ゼロサム思考に陥っている多くの人々の考え方を、プラスサム思考へと転換させることが、すなわち、殺人刀思考から活人剣思考へと転換させることが、目下、急務である。

それこそが、グローバル時代の現代において、全人類と地球の未来に対し、日本文明が果たすべき使命である。そして、そうすることによって、日本は、世界を生かすと同時に、日本自身をも生かすことになるのである。

以上

註

第一章

（1）ハンチントン［1998］［2000］。

（2）小川（忠）［2003］。

（3）セン［2000］［2002］［2006］など。

（4）UNDP［2007］など。

（5）田中（秀）［2006b］五一～五四頁。

（6）北沢［2003］八～一〇頁。

（7）中南米諸国のアメリカと市場原理主義に対する反発に関しては、伊藤［2007］を参照。

（8）タリバンの思想的基盤は、スンニ・ハナフィ学派の分派であるデオバンド主義の極端なものに依拠しており、近代主義や経済開発に激しく反発した。詳しくは、ラシッド［2000］。

（9）内閣府［2007］、産経［2007］など。人口の数値は、データブック［2004］。

（10）総務省統計局［2008］。

（11）雨宮［2007］一四～五四頁。

（12）門司餓死事件について、詳しくは、藤藪［2007］を参照。

(13) 警察庁［2007］の統計から計算。以下、自殺に関するデータは、全て同書による。
(14) 新自由主義について平易に解説したものとして、友寄［2006］。
(15) 室田［1995］一九二〜一九四頁。
(16) ラックス［1996］四一〜七三頁。
(17) 竹内（靖）［1991］［1997］、ラックス［1996］など。モロウ［1923］によると、自然的秩序とは、神自らが宇宙に与えた制度であり、社会秩序は、もしその作用に制約が加えられないならば、諸個人の利益と社会の利益との間の完全な調和を生み出す神聖な自然法を保持している、と重農主義者は信じていたが、スミスはこうしたフランス経済思想から強い影響を受けていた（同書三四〜三五、一二八〜一三二頁）。
(18) 竹内（靖）［1991］一六二〜一六三頁。
(19) スミス［1776］邦訳版Ⅱ一一九〜一二二頁。
(20) スミス［1759］邦訳版下巻二三〜二五頁。
(21) スミス［1776］邦訳版Ⅱ一二二頁の大河内一男による訳注を参照。
(22) ヘーゲル［1822］邦訳版Ⅱ一〇四〜一三四頁。
(23) ホッブス［1651］邦訳版第一巻一九九〜二〇七頁。
(24) ホッブス［1651］邦訳版第一巻一九九〜二〇四頁。ゆえにホッブスは、こうした自然状態を避けるために、強力な政府が必要であると主張するのである。

（25）スミス［1759］邦訳版上巻。
（26）スミス［1759］邦訳版下巻三八九〜三九四頁。
（27）スミス［1776］邦訳版Ⅱ二一六〜二六四頁。輸入穀物に高関税をかける、いわゆる穀物法（Corn Law）は、一八一五年に制定され、一八四六年に廃止された。
（28）詳しくは、ミュラー［1993］二一八〜二四五頁、トリソン・コングレトン編［2002］、ブキャナン［2002］などを参照。
（29）スミス［1776］邦訳版Ⅱ二一六〜二一八頁。
（30）ラックス［1996］一二〇〜一二一頁。
（31）スミス［1776］邦訳版Ⅰ二六頁。
（32）スミス［1776］邦訳版Ⅱ二二〇〜二二二頁。
（33）モロウ［1923］、竹内（靖）［1991］［1997］など。
（34）スミス［1776］邦訳版Ⅰ二〇〜二三頁。
（35）スミス［1776］邦訳版Ⅰ九四〜一〇八頁。
（36）スミス［1776］邦訳版Ⅰ一〇九〜一一一頁（大河内による訳者説明（1））。
（37）スミス［1776］邦訳版Ⅰ一一六〜一一七頁。家族の再生産費は、肉体の再生産費の二倍の金額である（同書同頁）。
（38）スミス［1776］邦訳版Ⅰ一四〇〜一四二頁。

(39) スミス [1776] 邦訳版I 一一八～一二四頁。
(40) スミス [1776] 邦訳版I 一一三～一一四頁。
(41) 古賀 [1989] 一四七～一八六頁。
(42) 佐和 [2002] など。
(43) スミスの時代には、環境破壊の問題は全く意識されていなかった。例えばスミスは、「地球の全表面をまったく変化させ、自然のままの荒れた森を快適で肥沃な平原に転化」させることを、すなわち、開発と森林伐採を賛美している (スミス [1759] 邦訳版下巻二三一～二三三頁)。地主の植林について指摘している箇所 (スミス [1776] 邦訳版I、二七六～二八〇頁) もあるが、飽くまでも経済的な観点からである。この指摘から、近代経済学における資源問題分析の萌芽を見ることもできるであろう。なお、スミスの『国富論』の中に環境経済学の萌芽を見るものに、亀山・海上 [1999]、海上 [2001]。
(44) スミス [1759] 邦訳版下巻、三三一～三三五頁。
(45) スミス [1759] 邦訳版下巻、三三四頁。
(46) 永井 [1973] 一三二～一三四頁。なお、実名を出すのは、名声が確立された第二版 (一八〇三年) からである (同書一三四頁)。
(47) マルサス [1798] 一六頁、など。このマルサスの『人口論』がダーウィンやマルクスに与えた影響について検討したものに、川勝 [1992]。
(48) マルサス [1798] 一六～三六頁。

(49)マルサス［1798］九二頁。
(50)マルサス［1798］九一頁。
(51)マルサス［1798］一九九〜二二三頁。
(52)マルサス［1798］一八〇頁。
(53)マルサス［1798］一七六〜一八七頁。
(54)マルサス［1798］五五頁、など。
(55)マルサス［1798］一〇九〜一二七頁。
(56)ラックス［1996］四六、五二頁。
(57)ラックス［1996］五一頁。
(58)ラックス［1996］四七〜四八頁。
(59)森下［2001］一二一頁。
(60)マルサス［1798］五五〜七〇頁。マルサス［1826］邦訳版Ⅳ、八三〜九八頁（第四篇第八章「貧民法の漸次的廃止案を提唱す」）、など。
(61)永井［1973］一三六頁。
(62)マルサス［1798］一二四頁。
(63)ラックス［1996］四九頁。永井［1973］一三五頁。
(64)マルサス［1798］二〇〇頁。

(65) マルサス［1826］邦訳版Ⅳ、八八頁。

(66) スミス［1759］邦訳版下巻、「解説」四五三～四五四頁。

(67) モロウ［1923］三四～三五頁。

(68) モロウ［1923］七三頁。

(69) スミスは、ヒュームらの感情学派の道徳理論を継承していた（モロウ［1923］二七～五一頁）。

(70) ラックス［1996］五四頁。

(71) マルサス［1826］邦訳版Ⅳ、五～三九頁。

(72) マルサス［1826］邦訳版Ⅳ、八九頁。

(73) プレン［1994］一〇八～一一一頁。またマルサスは、穀物法によって国内の穀物価格が上昇し、それにより地主層の所得が、ひいては有効需要が増大するのと同時に、農業生産が拡大すると考えていた（大村［1998］九四～九八頁、など）。初期マルサスの農本主義的傾向と、穀物法をめぐるその後の変遷や理論的振幅について検討したものに、佐藤［2003］。

(74) スミス［1776］邦訳版Ⅱ一三一～一三六頁。海洋国家である英国にとって、船舶と船員の増減は国防力を左右するものである。ゆえにスミスは、自由を制限して英国海運業を保護する航海条例を肯定したのである。

(75) スミス［1759］邦訳版下巻二四～二五頁。

(76) スミス［1776］邦訳版Ⅰ二八～二九頁。

(77) スミスが十四歳で入学したグラスゴー大学の恩師フランシス・ハチスンは、神は人類の幸福のために存在すると考えていた（水田［1968］四六～五五頁）。
(78) 橋本［1987］一四四～一四六頁。
(79) ラックス［1996］六三～六四頁。森下［2001］一七頁。
(80) ラックス［1996］七二～七三頁。
(81) 河野［2006］六二～六七頁。
(82) サピオ［2008］六三頁。
(83) 後藤［2007］。同書によると、〇二年において、全世帯に占める生活保護世帯も含めた貧困世帯の比率は一四％で、十八歳以下の子供の約三割は、この貧困世帯で育っている。
(84) 厚生労働省［2007］。
(85) 増田［2006］。
(86) 葉上［2008］など。
(87) 警察庁［2007］。
(88) 朝日［2006］。
(89) 総務省統計局［2008］。
(90) 経団連［2005］。
(91) 労働政策審議会労働条件分科会での奥谷禮子委員の主張。詳しくは労政審議会［2006］。

(92) 関岡［2007］一三八頁。

(93) 過労死・自死相談センター［2006］。

(94) ホロコーストや絶滅収容所について、詳しくは永岑［2001］［2003］などを参照。

(95) 毎日［2008］。

(96) 後藤［2007］五一頁。

(97) マルサスの父は、十八世紀英国の典型的な地方の小地主であった（玉野井［1977］一九八頁）。

(98) 本山［2006］六〇～九四頁、など。

(99) 本山［2006］一五三～一六〇頁。本山［2007］一四六～一五九頁。

(100) 本山［2006］五四～五七頁。

(101) 本山［2006］。

(102) 田中（秀）［2004］など。

(103) 田中（秀）［2004］一八八～一九六頁。

(104) 田中（秀）［2004］八二～八四頁。

(105) 田中・野口・若田部［2003］五五頁。

(106) 田中（秀）［2006a］一〇頁。

(107) アフリカの一人当たり所得の成長率は、一九八〇年代がマイナス一・三%で、九〇年代がマイナス一・八%であった（絵所［2001］二一頁）。

(108) 国土交通省［2008］。
(109) サンケイエキスプレス［2008］。
(110)「キリスト者経済人」を自認する速水総裁は、自らの宗教的信念に基づいて、人間に苦痛を与える不況を好ましいものと捉え、意図的に景気を悪化させたとする見解もある。詳しくは、若田部［2005］三〇四～三一〇頁。
(111) 田中・野口・若田部［2003］一六～一九頁。
(112) 田中（秀）［2006b］一九五～二〇四頁。
(113) 森田［2007］三七～三八頁。
(114) 後藤［2007］四五頁。
(115) 厚生労働省［2006］。
(116) 堤［2008］。

第二章

(1) 文明の原初的な意味は都市化であるが、都市化は農業革命の進展による余剰農産物の蓄積によって生じる。詳しくは、伊東［1985］六四～六六頁。また、梅原［1995］は農耕牧畜文明の上に都市文明が成立した（同書四頁）とし、渡部［1993］は稲作文化圏を考えるに当たって「農耕文明」という用語を提示している（同書七七～一〇三頁）。

（2）伊東［1985］、など。

（3）伊東［1997］によると、制度、組織、装置からなる文明は、文化を反映して形成されるが、両者は二重の同心球で描くことが可能であり、内側の内核部分が文化で外殻部分が文明である（同書、八～九頁）。

（4）作物の品種、栽培技術、加工技術、料理などの「種《タネ》から胃袋まで」を「農耕文化基本複合」、農耕に関連する宗教儀礼、農地制度などを「農耕文化二次複合」、両者を併せたものとして「農耕文化複合」という概念を打ち出したものに、中尾［1966］［1972］。また、渡部［1995］（四～七頁）では、食文化に加え、その民族独自の農耕に関わる共同作業のシステムや手法、そこから生じる社会の慣行、規律、儀礼、信仰などの体系を一括して「農耕文化」として把握している。

（5）それぞれの地域の固有の農業形態は、その地域固有の労働形態・組織形態・家族形態を生み出して文明の形態とも強い連関を持つがゆえに、農業は文明の基盤であると言い得る。例えば、古代ギリシャの農業形態は天水農業である。個々の農民は共同作業なしに単独で農業生産が可能なため独立自営農民となり、民主主義という政治形態を生み出した。対して古代オリエントでは大河川流域の灌漑農業であったため、政治体制は巨大な権力を持つ君主独裁制となった（石・安田・湯浅［2001］一〇七～一一〇頁）。

（6）梅棹［1989］三八〇～三八四、四四六～四四八頁。

（7）欧州などでは畑作牧畜農業によって森林が大幅に消滅したのに対し、日本では水田の水を確保するために植林が絶えず行われるなど、農業が自然環境に与える影響は大きい。詳しくは、拙稿［2005］、本書第三章。また、文明、食文化、農業、環境との関係をあつかった主要な研究に、安田［2002a］など。

（8）農業がもたらす環境と文明の危機については、詳しくは拙稿［2005］、本書第三章。

（9）FAO［2003］pp. 92~94の数値から筆者が計算。以下同様。

（10）我々はマルクス経済学（以下、マル経）的な見地を採るべきではない。マル経では国際貿易の本質を、より富んだ国がより貧しい国を搾取するもの、と捉えたため、マル経理論を実践した旧共産圏の国々は、自国が外国から搾取されるのを防ぐために自由貿易を放棄した。その結果旧ソ連をはじめとした共産諸国の経済が破綻したのは周知の通りである。マル経が理論的に破綻していることを鋭く分析したものに、金子（甫）［1989］［1995］。

（11）リカード［1819］一八三~二一〇頁。

（12）詳しくは、ブキャナン［2002］などを参照。

（13）もっとも原田・香西［1987］は、こうしたレント・シーキング活動が全体としては少なかったことが、日本の経済発展の最大要因であるとする。

（14）飯田［1995］は、日米貿易摩擦に関するアメリカの対日要求を、経済学的に筋の通らない政治的要求、と見なし、貿易摩擦の原因を全てアメリカの内政に求めている。

（15）シンプソン［2002］一四八~一五五頁。

（16）FAO［1954］pp. 35, 43~45. 世界穀物輸出量に占める比率は、小麦が六一％、米が十一％、トウモロコシが九%であった（同書同頁）。

（17）一トンの穀物は年間六・七人を養える（西川［1991］九〇頁）。

（18）FAO［2003］pp. 92~106.

（19）アフリカの主食は、穀類、イモ類、バナナ、の三種類に大別できるが、西アフリカのサヘル地域と東アフリカのスワヒリ地域では雑穀などの穀物を主食とする。詳しくは、小川（了）［2004］。

（20）アフリカ委員会［2005］二八頁。

（21）アフリカは小麦の生産量が僅少であり、加えて、一人当たり穀物生産量は、全世界平均の四割程度である。詳しくは、平野［2001］五七~六一頁を参照。

（22）園田［1991］園田編［2005］。

（23）一八九五~九九年の平均生産量と一九九五~九九年の平均とを比較（I. H. S., The Americas［2003］pp. 167, 175の表から計算）。

（24）一八九九年と一九九九年の作付け面積と生産量から計算（I. H. S., The Americas［2003］pp. 140, 149, 167, 175.）。

（25）一八九五~九九年の平均生産量と一九九五~九九年の平均とを比較（I. H. S., Asia［2003］pp. 189, 199）。

（26）一八九九年の作付け面積と生産量から計算（I. H. S., Asia［2003］pp. 157, 189）。

（27）二〇〇三年の数値（世界国勢図会［2004］二二六頁）。なお、米の作付け面積は、一八九九年の二八一・六万ヘクタールから、一九九三年の二一三・九万ヘクタールへと減少した（I. H. S., Asia［2003］pp. 157, 164.）。

(28) 一八九五〜九九年の平均は一六・三％で、一九九五〜九七年の平均は四七・三％であった。ちなみに、一九六六年には初めて六割を越え、一九七三年には八割を越えたが、それ以降輸出比率は低下傾向にある（I. H. S., The Americas［2003］pp. 167, 175, 279, 280の表から計算）。なお、トウモロコシの二〇〇二年の輸出率（量）は、約二一％である（世界国勢図会［2004］二二八、二四九頁の表から計算）。

(29) 一九二〇年代以降穀物価格は下落して農業不況が続き、一九三〇年代には農業恐慌となった（ウェッセル［1984］一八〜二八頁）。

(30) ギルモア［1982］九九頁。

(31) ギルモア［1982］九九〜一〇〇頁。ウェッセル［1984］二〇四〜二〇五頁。

(32) 中垣［1984］一一三〜一一五頁。

(33) ウェッセル［1984］一六頁。

(34) アメリカの農業界は、トラクターや化学肥料などを生産する企業や、食品加工産業、外食産業なども含めて把握されねばならない（ウェッセル［1984］一七〜一八頁）。本稿では、そうした農業関連産業《アグリビジネス》と農民の両者を合わせて農業界と呼ぶこととする。アメリカのアグリビジネスについて、詳しくは、ギルモア［1982］三七〜七七頁、バーバック・フリン［1987］。また、アメリカの大穀物商社などのアグリビジネスが世界に与える悪影響について簡潔にまとめたものに、西川［1994］三〇〜四三頁。我が国におけるアグリビジネスについて簡潔に説明したものに、稲本・河合編［2002］。

（35）農業・食料関連の圧力団体によるロビイ活動は、戦前期より活発である。農業ロビイについて、詳しくは、ジュリアン［1990］。

（36）ギルモア［1982］一〇〇〜一一四頁。ウェッセル［1984］二〇五〜二〇九頁。

（37）ウェッセル［1984］二〇五〜二〇九頁。

（38）国内におけるフードスタンプ制度（貧困層に食料引換券を支給する制度）の真の目的も農家保護にある。農林水産省［2003］四頁を参照。

（39）詳しくは、トンプソン［1997］五六〜五七頁、絵所［2001］二四〜二八頁。

（40）詳しくは、清水［1994］三三一〜三三八頁。また、同時期における日本の食料生産と人口との関係については、竹前・中村［1998］二二六〜二三一頁。

（41）詳しくは、中垣［1984］、高嶋［1984］。日本におけるパン消費量の飛躍的な拡大に果たした学校給食制度の役割を高く評価し、かつ、日本のアメリカからの小麦輸入を比較優位の点で合理的な選択であると指摘するものに、トレイジャー［1975］、二二九〜二三三頁。

（42）牛肉の生産には、市場に出荷される直前の仕上げとなる場の飼育場で七キロの穀物が必要となり、豚肉の場合は四キロが、鶏肉の場合は二キロが必要とされる（ブラウン［1995b］五一頁）。

（43）西川［2004］一〇五頁。なお、豚肉は七キロ、鶏肉は四キロの穀物が必要とされる（同書、一〇五頁）。

(44) ロンボルグ［2003］一七六頁。

(45) ウェッセル［1984］二一二～二一三頁。なお、鶏肉価格はこの二〇年間で半分以下となり（トンプソン［1997］五一頁）、小麦の国際価格はここ五〇年間で五分の一ほどに、食料価格は二〇〇〇年には一九五七年の三分の一以下となった（ロンボルグ［2003］一一二、一六一頁）。

(46) データブック［2004］七〇頁。

(47) 世界国勢図会［2004］一一九～一三一頁。

(48) 総務省統計局［2004］三三五頁。

(49) 金田［2003］付録一三～一四頁。

(50) 地球白書［2002］一二一～一二四頁。

(51) 総務省統計局［2004］三三五頁。世界国勢図会［2004］四七四～四七五頁。

(52) 例えば、農林水産省［2003］、原田［1995］一七三頁、などを参照。

(53) 世界国勢図会［2004］二一九頁。

(54) 一八〇一年に大統領となった同氏は、土地の耕作より好ましい仕事はなく、よって政策の第一義は農業の奨励であると考えた（今津［1990］一九二～一九四頁）。

(55) 本間［1991］一八～四〇頁。

(56) ホーフスタッター［1988］二〇～三二頁。

(57) カーター［1976］一～三七頁。

（58）レーガンは、『バファロウ平原』（一九五四年制作）などの西部劇に出演していた。彼の出演映画とそのストーリーに関しては、詳しくはMovieWalker［2007］などを参照。
（59）最近の例としては、例えば、渡部［2005］など。
（60）蔦谷［2004］三三一～三三三頁。カロリーベースでの他の東アジア諸国の自給率は、韓国が四九％（二〇〇〇年）、台湾が三七％（一九九七年）である（同書、二四七頁）。
（61）データブック［2004］七〇頁。
（62）蔦谷［2004］二七、三三三頁。
（63）アメリカデータ［2004］五四〇、五四五頁の数値から計算。輸入率＝農産物輸入額／農産物国内売上高。農産物国内売上高＝農産物総売上高─農産物輸出額＋農産物輸入額。
（64）当段落の数値は、蔦谷［2004］二一九～三三三頁、データブック［2004］七〇頁による。
（65）蔦谷［2004］二二三～二二五頁。
（66）ただし、台湾農業は日本と同様、兼業率が高い。一九八五年の段階で兼業率は八八・五％である。日本以上に兼業化が進んだ理由は、狭い国土の関係で工業地帯と農村の距離が近い上、多くの中小企業が農村地帯の中小都市に立地したため、農家からの通勤が容易であったからである。もっとも台湾では、兼業農家による農作業の委託が盛んであり、育苗・田植にはじまり全ての農作業を全面的に専門業者に委託することによって、「労働しないで農業をする」兼業農家も現れている（斎藤［一九九一］二六八～二七四頁）。このような全面委託の場合、もはや農家ではなく単なる農地所有者にすぎないと言えよう。

（67）本章注4を参照。

（68）阿部［2000］九七頁、深川［2002］七六、八八頁。

（69）阿部［2000］一〇〇～一〇四頁、深川［2002］七五～七六、九一～一〇二頁。

（70）水田は環境保全機能があるのに対し、畑は環境に負荷をかける。詳しくは、福井［1999］など。

（71）阿部［2000］一一〇～一一六頁、深川［2002］八八～一〇二頁。

（72）蔦谷［2000］三九～四一頁。

（73）黒川他［1995］は、兼業農家による稲作は週末型・家庭菜園型稲作である、とする（同書一五、二八頁）。

（74）川勝［2001］を参照。

（75）川勝［2002］を参照。

（76）データブック［2004］七〇頁の表から計算。もっとも、一人当たりの米消費量は年々低下しているが、それは生活水準の上昇に伴い、肉類や魚貝類の消費が増加したからである（同書七〇頁を参照）。

（77）二〇〇一年の一トン当たり国際価格は、米二八〇ドル、小麦一五一ドルで、小麦は米の五四％の価格である（FAO［2003］pp. 95, 101. の世界輸入価格と輸入量から計算）。

（78）詳しくは、伊藤他［1991］などを参照。

（79）詳しくは、寺本［2000］四〇～四一頁。

（80）農林水産省［2004］、USDA［2004］。

（81）品質の差によって競争関係や互換性が低下する事例については、繊維製品に関して、川勝［1991］、拙稿［1999］［2002］［2003］［2006］などの諸研究がある。

（82）大塚［2001］一九七～二〇八頁。

（83）奥山［2000］七頁。

（84）マクドナルド［2005］、ケンタッキー［2005］。

（85）奥山［2000］一八～二三頁。また、関西のうどんはご飯と一緒に食べる吸い物であり、それがラーメンに引っ越した、という見方もある。韓国でもラーメンはチゲの代わりにご飯と一緒に食べられている。詳しくは、石毛・森枝［2004］一〇〇頁。

（86）日本の二〇〇一年における小麦輸入量約五五二万トンのうち、アメリカからの輸入は約二八九万トンで半数を超える。一トン当たり一八八ドルのパン・麵・菓子類の原料用小麦の六割弱がアメリカ産、二割半がカナダ産、二割弱がオーストラリア産である（ジェトロ［2002b］一二〇頁）。

（87）石毛［1984］。

（88）詳しくは、サロー［1981］。

第三章

（1）ロックフェラー財団の援助を受けて、ブラウン氏はワールドウォッチ研究所を一九七四年に設立し、現在まで続く年次刊行物『地球白書』を一九八四年に刊行した（全農［1995］一二頁。織田［2004］）。

（2）その後、体系的、包括的に考察を加えて一書にまとめたWho Will Feed China?: Wake-Up Call for a Small Planet（W. W. Norton&Company）が一九九五年一〇月に、その日本語訳『誰が中国を養うのか？—迫りくる食糧危機の時代』（今村奈良臣訳、ダイヤモンド社）が一九九五年一二月に、刊行された。

（3）この記事は、『ワシントン・ポスト』、『インターナショナル・ヘラルド・トリビューン』など世界各地の有力新聞に掲載され、『ロサンゼルス・タイムズ』、『ニューヨーク・タイムズ』は国際配信をし、AP、ロイター、『ウォール・ストリート・ジャーナル』などが氏の分析結果を報じ、氏がそれまでに書いたものの中で最も大きな注目を集め（ブラウン［1995b］三頁）、強烈な衝撃を世界に与えた（今村［1995］一八一頁）。

（4）ブラウン［1995a］一四頁。

（5）ブラウン［1995b］三〜八頁。中国科学院生態環境研究センターの胡鞍鋼は、「中国の目覚ましい発展を快く思わず、中国脅威論をまきちらしている政治家たちに『砲弾』を提供している」と批判した（江［1995］一一七頁）。しかしその後、このブラウン氏の論考をきっかけに、中国国内において、中国の中長期的な食料問題についての研究が活発に行われるようになった。それらの中国人研究者の論考を簡潔にまとめたものに、朱［1998］一一九〜七二頁。

（6）中国の統計書の見方や、中国人の「食糧観」など、九点についてブラウン氏を批判したものに、白石［1995］。

（7）アメリカ型食生活を前提としたブラウン氏が構想する食料戦略に対し、思想的な観点から批判を加えて、日本型食生活の意義を強調したものに、山折［1996a］。
（8）食料増産と環境劣化の連関について氏が指摘したものに、地球白書［1995］一八〜二〇頁、地球白書［1998］三〇六〜三〇七頁、など。しかし氏の関心は、食料危機のほうにより強く置かれている。なお本章では、食料生産に伴う環境劣化以外の環境問題については、考察の対象外とする。
（9）「誰がアジアを養うのか？」（地球白書［1997］八八〜一〇二頁）、など。
（10）文明史の視点から「海洋」の重要性を指摘した我が国における代表的な研究に、川勝［1997］。
（11）ブラウン［1995b］一一一頁。
（12）今村［1995］一八八頁。なお、これより希望的な予測もある。張［2000］は、現在の中国女性の合計特殊出生率は一・八前後だが、これが一・六まで低下することを前提に、中国の人口は二〇三三年に一四・八億人でピークを迎え、それ以降は人口が減少する、とする（同書、一九頁）。
（13）ブラウン［1995b］一〇九〜一一二頁。イタリアの一人当たり穀物消費量の数値は、ブラウン［1996］五六頁。
（14）ブラウン［1995b］一〇九頁。なぜ二〇％なのかなど、数値の根拠は明らかではないが、氏の推計を「大局的見地に基づく歴史観、文明観に裏打ちされたもの」と評価する見方もある（今村［1995］一八五頁）。
（15）王（楽）［1999］二九〇頁。中国の食料需給に関する主要な予測についての検討は、同書（二九〇

〜三〇九頁）を参照。また、国家計画委員会発展研究所副所長の馬暁河の予測（馬［2000］三〇頁）では、二〇三〇年の食料生産量は約六・六億トンで、自給率九〇％以上を維持できるとする。

(16) 中国統計年鑑［2003］四三〇頁、六六三頁、六六六頁。

(17) 氏は、今後は食料価格が上昇しても、技術的環境的制約によって、食料生産量の増加率は以前と比べると低い、と考えている（地球白書［1997］六四〜六六頁）。

(18) セン［2000］。センは購買力という用語を使わずに、権源（entitlement）という用語を用いている。なお、ブラウンも低所得という経済条件による飢餓の存在も認めているが、食糧不足による飢餓を従来型として両者を区別している（地球白書［1999］二一〇〜二一一頁）。また、飢餓に関して総合的に考察を加えたものに、荏開津［1994］。

(19) このような国際市場の不安定な価格変動から生産農家を守るために、近年はフェアトレードが重視されつつある。たとえば、地球白書［2003］三〇九〜三一一頁、などを参照。

(20) 欧米の植民地支配によるモノカルチュア経済の強制と途上国における飢えの構造との連関について明らかにしたものに、西川［1984］。

(21) 全世界の年間穀物収穫量は、一九八〇年代前半は一六〜一七億トンを推移、それ以降一九九〇年代前半は一八億トン、一九九〇年代後半は一九〜二〇億トンの水準で推移し、二〇〇一年の生産量は約二〇・九億トンであった（西川［2004］九九〜一〇〇頁）。

(22) 一トンの穀物は年間六・七人を養える（西川［1991］九〇頁）。

(23) 王（楽）[1999] 二八四頁。

(24) 馬 [2000] 二九頁。しかし二〇〇一年、二〇〇二年の小麦輸入量は、それぞれ七四万トンと六三万トンで、両年とも全穀物輸入量の二一%であった（中国統計年鑑 [2003] 六六六頁）。

(25) 西川 [2004] 一〇三頁。一九九九年の輸出は約二七〇万トン（ジェトロ [2002b] 一一六頁）で、二〇〇一年は一八七万トン、二〇〇二年は一九九万トンであった（中国統計年鑑 [2003] 六六三頁）。

(26) 地球白書 [2001] 八一頁。なお、一九九九年における全世界の小麦輸出量に占めるアメリカの比率は約二四%で、カナダとオーストラリアはそれぞれ約一三%であった（FAO協会 [2003] 九九〜一〇一頁の数値から計算）。

(27) 地球白書 [1995] 三二頁、地球白書 [1997] 九二頁、地球白書 [1998] 一六五頁、など。ただし、一九九九年における全世界の穀物輸出量は約二億六五五〇万トンで、アメリカの輸出量約九一一六万トンは約三四%に当たる（FAO協会 [2003] 九六頁）。

(28) アメリカの灌漑耕地の約二一%が地下水面を低下させながら水を汲み上げているが、その多くはグレートプレーンズの中央部と南部にあり、再生不可能な化石帯水層であるオガララ帯水層から引かれている。その南端部分のいくつかの地点では既に枯渇し、それによりテキサス州の灌漑面積は過去一五年間で三〇%ほど減少した（ブラウン [1995b] 一二七〜一二八頁）。

(29) グローバル時代における日本の社会や文化、自己認識について多角的に考察したものに、園田編 [2001]。

(30) 日本の二〇〇一年における穀物輸入約二六二四万トンのうち、第一位のトウモロコシが約一六二二万トン、小麦が約五五二万トン、飼料用穀物のグレーンソルガムが約一九一万トン、大麦・裸麦が約一四一万トンであった(ジェトロ [2002b] 一〇〇頁、一〇七頁)。

(31) 日本国内における二〇〇〇年度の小麦総供給量は六九六万トン(期末在庫一三九万トン含む)なのに対して、国内小麦生産量は約六九万トンであった(ジェトロ [2002b] 一二一頁)。

(32) 世界全体の小麦輸出量は、〇〇/〇一年に一億三五〇万トンなので、日本の小麦輸入量は五%を超える。同年におけるトウモロコシの輸出量は七六二〇万トンなので、日本の輸入量は、実に二割を超える(ジェトロ [2002b] 一〇頁)。二〇〇一年におけるトウモロコシ輸入量約一六二二万トンのうち飼料用は一四一七万トンだが、そのうちアメリカからの輸入が一三四六万トンである(同書、一三二頁)。

(33) 氏は、日本の穀物生産量の低減の主たる理由として、耕作地の工業用地への転換を挙げている(ブラウン [1995b] 一〇二頁)。

(34) 日本の二〇〇一年における小麦輸入量約五五二万トンのうち、アメリカからの輸入は約二八九万トンで半数を超える(ジェトロ [2002b] 一二〇頁)。なお、二〇〇一年において一トン当たり二四〇ドルのデュラム小麦(パスタ用)のほぼ全てはカナダからの輸入で、一七九ドルの飼料用小麦はおよそ四分の三がオーストラリアで残りがアメリカ、一八八ドルのパン・麺・菓子類の原料用小麦の六割弱がアメリカ、二割半がカナダ、二割弱がオーストラリアである(同書、一二〇頁)。

(35) 戦後の世界における食料価格は、七〇年代にオイルショックで一時的に上昇した時期を除くと、一貫して低下傾向にあり、二〇〇〇年には一九五七年の三分の一以下となった(ロンボルグ［2003］一一二～一一三頁)。しかしブラウン氏の見方は逆であり、途上国の消費者は、まだまだ高い食料品を購入させられている、と考えている(地球白書［1986］五三頁)。

(36) アメリカは世界の小麦貿易において、一九三〇年代には平均五・八%しか占めなかったが、一九四七年にはほぼ半分となった(ウェッセル［1984］二〇四～二〇五頁)。

(37) 斎藤(一)編［1974］二一～二五頁。広義では、日本やFAOの援助で現地政府が開発した新品種も含まれる(同書、三～四頁)。

(38) この点を簡潔にまとめて指摘したものに、西川［1994］三六～三八頁。

(39) 西川［1991］七七頁、西川［2004］八四頁。

(40) 同様の問題意識を有しつつも、ピューリタン精神や民主主義といったアメリカ精神から遊離したアメリカ大企業が世界で問題を引き起こしているとするものに、コーテン［1997］。なお、近年の欧州や日本におけるスロー・フードの運動は、利潤の追求を唯一絶対の目的としてアメリカ型食文化を強引に輸出し続けているアメリカ農業界、ひいてはアメリカ文明の世界的膨張に対する一つの抵抗運動であるとも言えよう。スロー・フードについて簡潔にまとめたものに、西川［2004］一二〇～一二一頁、など。

(41) ロンボルグも、マクロ的な数量データを挙げて、食料危機が起きないことを主張(ロンボルグ

[2003] 一〇八〜一一三頁）し、人口問題については問題設定自体を誤りとし、実際には貧困の問題であるとしている（同書、八四〜九二頁）。しかし環境による制約を考慮に入れるならば、やはり人口問題は重要なテーマである。もっとも、途上国の人口爆発は一九五〇年代から一九七〇年代にかけてのことで、人口増加率は、かつての二%台から現在は一・四%前後へと低下している（西川［2004］八四頁）。

(42) ブラウン［2002］四〜八頁、二七〜三一頁、一〇〇〜一〇四頁。

(43) 西川［1994］四七頁。西尾他編［2003］一七〇頁。また、徳川期の日本では、大河川の氾濫原を水田に変えるために治水が、その治水のために上流地域での植林などの治山が、広汎に行われた。よって「日本の森林は米が育てた」と言えるほど、日本における水田稲作の国土形成機能は大きかった。詳しくは、富山［1993］。

(44) 麦作牧畜農業の拡大は、森林破壊を引き起こす。詳しくは、安田［1989］［2004a］など。

(45) アメリカにおける麦作と土壌流出については、ウェッセル［1984］（第七章「最優良農地に大規模な土壌崩壊」）、ブラウン［2002］五六〜六〇頁、八二〜八九頁、など。世界の土壌流出や水資源の枯渇については、地球白書［1996］六八〜七五頁、一四〇〜一四五頁、地球白書［1997］二一一〜二一五頁、地球白書［1998］八〜一五頁、地球白書［2000］六九〜七四頁、など。もっとも、ロンボルグによると、土壌流出による農業生産性の低下は、全世界平均で年率〇・一%であり、それに対して肥料等による農業生産性の上昇は年率一〜二%であるので、土壌流出の影響は非常に小さいと主張している（ロンボルグ［2003］一七九〜一八二頁）。しかしその一方で、アメリカでさえ、土壌の枯渇を化学肥料で克服することは、資金的にますます耐えきれなくなってきているとの指摘もある（ウェッセル［1984］一七一頁）。

（46）国際森林研究センター［2004］。アメリカ及び世界のハンバーガー・チェーンに安い牛肉を輸出するために、一九七〇年代末から一九八〇年代にかけて、中米やブラジルでは熱帯林が急速に伐採された。その上伐採された木材はその場で焼却されたため、大気中の二酸化炭素を大きく増やし、地球の生態系を損なった（西川［1994］四〇頁）。他に、熱帯雨林の破壊と肉牛飼育の連関について欧米の論評を簡潔にまとめたものに、長崎［1994］五六〜五九頁。この問題について、ブラジル政府とFAOの問題を指摘したものに、ガロウ［1981］一三二〜一一七頁。

（47）アメリカは一国で全世界の温室効果ガスの約二五％を排出している（グラブ他［2000］五六頁）が、世界最大の排出国であるアメリカの京都議定書に対する態度も、アメリカが世界環境の最も重大な破壊要因であることを端的に示している。京都議定書とアメリカの動向については、例えば、地球白書［2002］七三〜八二頁、なども参照。もっとも、京都議定書を遵守しても、温暖化防止に対する影響は微々たるものである上に、地球温暖化自体が重要な問題ではないとの指摘もある（ロンボルグ［2003］五一八、五二八頁）。

（48）ブラウン［2002］七三〜八二頁。

（49）中国国内の森林破壊、土壌の劣化や砂漠化、地下水位の低下などについて詳細に検討したものに、スミル［1996］、など。

（50）西川［2004］一〇四頁。また、被害人口は一億人、倒壊家屋は五〇〇万軒に達したとされ、そうした洪水を防止するために中国政府は、長江山峡ダムの建設を始めた（阿［2003］）。一方日本政府は、こうした洪水を防止するため、中国の植林緑化活動を支援すべく、一九九九年に訪中した小渕総理大臣の構想により、「日中緑化交流基金」が設立された（日中緑化交流基金［2007］）。

（51）長江流域では原生の林木による被覆の八五％が伐採されており、大量の降雨を保水しうる植生がほとんど残っていなかったことが、長江大洪水の原因であった（ブラウン［2002］一三頁）。その後中国政府はこの苦い経験から、三大河川（揚子江、黄河、珠江）の上流にあたる山地で、傾斜度二五度以上の土地の農耕を禁止して植林し、土壌の保全を図る政策（退耕還林政策）を二〇〇一年より打ち出したが、課題も多い（西川［2004］一〇四頁）。

（52）馬［2000］三〇頁。

（53）環境的にも経済的にも持続性のある農業を推進していくために、農産物や農業投入財に環境コストや社会的費用を反映させ、それに加えて、環境保全のための規制的手段と補助金を組み合わせていくべきであることを提言したものに、ＯＥＣＤレポート［1993］。

（54）畑作牧畜民の文明と稲作漁労民の文明との比較考察については、たとえば、川勝・安田［2003］、などを参照。

（55）一九九一年以降でＧＤＰの成長率が最低水準だった年は一九九九年で、七・一％である。二〇〇二年の成長率は八・〇%である（中国統計年鑑［2003］五七頁）。
(56) 中国統計年鑑［2003］五五頁。
(57) 一九九五〜二〇〇〇年における年間人口増加率は、アフリカが二・四%、インドが一・七%、全世界平均が一・四%であるのに対して、中国は〇・九%である。なお、この時期における日本の人口増加率は〇・三%である（国際連合統計局編［2004］一二、三九頁）。
(58) ブラウン［1995b］四七〜五八頁。
(59) 換算率は、日中経済協会［2007］による。
(60) 国際連合統計局編［2004］一三五〜一五〇頁。
(61) 成長率が年八%の場合、GDPは九年間で二倍となる。
(62) 西川［1984］二二五頁。
(63) 稲垣［2003］二四七〜二五一頁。また、現在の中国社会を十の階層に区分した場合、上位四つの階層の合計人口が社会に占める比率は、九・三%である。第五位の階層は、中低層の公務員や私企業の事務職員からなる事務要員層で七・二%を占め、社会の中間層と位置付けられる。第八位の階層は産業労働者層で一七・五%、第九位は農民で四二・九%、最下層は失業者等で四・八%である（陸編［2004］九〜一三頁）。
(64) ジェトロ［2002a］一七頁。元への換算率は、日中経済協会［2007］による。なお、タイのバンコクの労働者の月収は一四一ドルである（ジェトロ［2002a］、一七頁）。

(65) 拙稿［2005］一四五頁の表を参照。一人当たりＧＤＰや穀物等の生産量に関しては、全て、中国統計年鑑［2003］による。

(66) 中国を海洋中国と大陸中国とに二分割して文明論的に把握するものに、川勝［1997］一九三～一九四頁、など。

(67) 綿に関して、自然環境、綿花・綿布の種類、服飾文化との間に強い連関があることを見出し、「綿体系」の存在を明らかにした主要な研究に、川勝［1991］。絹に関して同様の体系を見出し、「絹体系」の存在を明らかにした研究に、拙稿［2002］［2003］［2006］など。

(68) 石毛監修［1998］。長崎［1994］。中野［1989］。ウイットワー他［1989］、など。もっとも、遼寧省の大連市や山東省では魚貝類も珍しくなく、内陸部でも川魚が消費される（長崎［1994］一三～一八頁）。逆に海洋中国においても豚は重要な食用家畜である（石毛監修［1998］四一八～四一九頁）。また、海洋中国では、水田、養魚地、それに土手に植えた桑によって、稲作・養魚・養蚕の三種を組み合わせた農業が行われており、養蚕を養豚に替えた組み合わせもある（ウイットワー他［1989］三五五～三五六頁）。海洋中国でも小麦が、大陸中国でも米が消費されるが、主食にはなり得ないとの指摘がある（勝見［2000］一一九頁）。

(69) 中国統計年鑑［2003］四頁。なお日本の年間降水量は、全国平均が約一八〇〇㎜、多いところでは三重県の尾鷲が四〇〇〇㎜を超え、少ないところでも北海道東部の九〇〇㎜である（只木［1988］一六～一七頁）。

（70）しかし、食料生産量に占める輸出入量は微々たるものであり、例えば二〇〇二年において、輸出は米一九九万トン（国内総生産量の一・一％）、肉類は五〇万トン（二〇〇一年）（〇・八％）、水産物は一六三万トン（三・六％）、輸入は小麦六三万トン（〇・七％）、米二四万トン（〇・一％）である（中国統計年鑑［2003］六六三頁、六六六頁）。したがって中国全体では、一人当たり生産量は一人当たり消費量とほぼ完全に一致する。

（71）一九九九年において、全世界の穀物輸入量に占める韓国の比率は四・一％である（FAO協会［2003］九六～九七頁）。

（72）例えば韓国では、肉用牛の飼育業者は、一九六〇年以前においては一〇〇未満であったが、一九七八年には四〇〇〇近くに増大した。詳しくは、ウェッセル［1984］一二八～一三八頁。

（73）ウェッセル［1984］七頁、二五九頁。

（74）中国統計年鑑［2003］四三〇頁。

（75）中国統計年鑑［2003］四三六頁。

（76）中国では、葉や茎などの粗飼料を与える「窮養猪」と、穀物などを与える「富養猪」の二つの飼育法が古くから知られていたが、既に紀元三世紀には、地主や貴族層が行う「富養猪」に対する批判が文献に現れる。詳しくは、ウイットワー他［1989］三一七～三三一頁。

（77）ブラウン［1995b］五三頁。

（78）稲垣［2002］七五～七六頁。

(79) 安田［1989］［2004a］、など。

(80) スミル［1996］。他に、小島（朋）編［2000］。加藤・陳［2002］一〇〇～一一三頁。原嶋・島崎［2002］。王（義）［2003］。なお、先進国は一九七〇年代にGNPの一・二～一・八％に相当する資金を環境問題への取り組みに充てて成果を得たが、中国は未だ〇・七％であるため、改善の兆しが見えない（小島（麗）［1997］二〇二頁）。

(81) 小麦は、最も重要な食料である米との隔たりを狭めつつある、とされる（ウイットワー他［1989］一六六頁）。一九七八年から二〇〇二年にかけて、米の生産量は二八％増加したのに対し、小麦の生産量は六八％増加、豆類や芋類も含めた主要食料の中に占める米の割合は、同期間に四五％から三八％に低下した（中国統計年鑑［2003］四三〇頁）。

(82) サーチナ［2004］四二～四三頁。なお、パンは二一％、牛乳は約四七％、ビールは約一一％、ワインは約五％である。

(83) もっとも、日本でのエビ需要の高まりが、東南アジアでのエビ養殖場建設のためのマングローブ林の伐採を引き起こしている、との指摘もある。詳しくは、村井［1988］。しかしこの場合も、環境劣化を伴う形で建設された養殖場で生産されたエビに対して環境保全税を課税することによって、環境劣化を防止することが出来よう。

(84) あるインターネットによるアンケート調査（複数回答）では、日本料理に対する関心は、フランス料理、イタリア料理に次いで第三位で、約三分の一の人々の興味を引いている（サーチナ［2004］六六頁)。

(85) ブラウン[2005]、七二~七七頁。ロンボルグ[2003]、一八二~一八五頁。

(86) 小松[2000]一二~四〇頁。小松「2002」も参照。

(87) FAO協会[2003]一〇二頁、一〇五頁。世界全体の輸出額を輸出量で割って、筆者が計算。なお、中国の二〇〇二年における一トン当たり価格は、輸入米が三三五ドル、輸入小麦は一七九ドル、輸出米は一九三ドルであり(中国統計年鑑[2003]六六二頁、六六六頁、より筆者が計算)、日本の二〇〇一年における一トン当たり価格は、輸入米が三〇九ドルで、輸入小麦は種類によって一七九~二四〇ドルであった(ジェトロ[2002b]一一三頁、一二〇頁)。

(88) 富山[1974]一四八~一六三頁。安田[1989][1997][2004a]、など。

(89) 古代ローマ帝国が紀元前五八年に開始した、ローマ市民への穀物の無料配給は、帝国内で最も生産性の高かった穀倉地帯であり、かつ森林に覆われていた北アフリカを砂漠に変えた(ポンティング[1994]一二九~一三一頁)。

(90) 明清期のモンスーン地域における山間地帯への「棚民」と呼ばれた移民については、詳しくは第四章を参照。中国の森林破壊に関する他の研究に、菅谷[1996]、小島(麗)[2002]八一五頁、など。なお、現在の中国の国土全体に占める森林面積の比率は、約一七%である(中国統計年鑑[2003]六頁)。それに対しアジア各国の森林面積は、韓国、日本、インドネシアは国土の半分以上を占め、タイ、フィリピン、インドが四分の一前後である(原嶋・島崎[2002]一〇~一五頁)。

(91) 村上［2000］。他に、煉瓦の生産が減少、鉄鍋の生産拠点も東南アジアに移転した（同書、五三頁）。なお、廈門の主要輸出品は砂糖と茶であったが、いずれも生産が縮小した。詳しくは同書を参照。
(92) 竹内（照）［1971］一七〇～一七一頁。
(93) 上田［1999］一七〇～二〇五頁。
(94) 山折［1996b］。山折編［2005］、四〇～四二頁、を参照。他に、亀井［1947］、なども参照。
(95) 安田［2004a］二二三頁、二五五～二七二頁、など。
(96) 安田［1995a］など。
(97) 紀元前一〇〇〇年頃にガンジス河流域に到達した牧畜民であるアーリア民族は、バラモン教の火の神アグニへの信仰に基づいて森林を次々に焼却して牧場化したため、保水能力を失った大地が水害や干害を引き起こし頻繁に飢饉をもたらした。そのような状況下で紀元前五世紀頃に登場したのが、仏陀やジャイナ教の開祖マハヴィーラ・ヴァルダマーナであった（湯浅［1999］一六一～一六三頁）。なお、古代インダス文明の滅亡要因は、灌漑による塩害に加えて、大規模土木事業に用いる大量の窯焼き煉瓦を生産するため、燃料の薪を得るために行った、大規模かつ急激な森林伐採であった（ポンティング［1994］一二五～一二六頁）。また、滅亡の本質的要因を気候変動に求め、森林破壊を促進要因と見なす研究に、安田［2002b］一六六～二三五頁。
(98) エコ・シンカーやエコ・レリジョンについては、山折編［2005］を参照。
(99) 詳しくは、伊東［1997］。

（100）縄文文化は海洋的な日本文明の原点で、自然＝人間循環系の文明であったと主張するものに、安田［1987］［1998］。縄文時代の東日本が高度な技術を持った文明融合地帯であったことを明らかにしたものに、安田［1995c］［1996］。
（101）縄文人は、栗を半栽培化していた。詳しくは、安田［1995d］。安田［1996］、二〇六～二〇九頁。
（102）富山［2001］七三～七七頁。
（103）安田［1997］一九六～二〇〇頁。
（104）牧野［1988］。富山［2001］。森林と水量に関しては、只木［1988］一〇〇～一二〇頁。また、里山林の落葉は重要な肥料として日本農業を支えてきた。詳しくは、只木［1988］三四～五三頁。市川・斎藤［1985］三四～五四頁。
（105）富山［1994］七九～九六頁。富山［1995］九七～一〇〇頁。
（106）川勝［2002］。
（107）安田［2002a］。日本における「森の文明」は、「里山文明」とも表現できる（同書、一七九頁）。
（108）安田［2004a］。
（109）安田［1996］二〇九頁。
（110）各文明は、内核としての文化の固有性を維持しつつ、かつその外殻としての文明の装置を互いにすり合わせ、共有化することにより、世界文明への道を歩みうる（伊東［1997］一一頁）。ならば、世界文明の構築と同様に、海洋アジア文明の構築も可能であろう。

第四章

（1）槌田［2006］など。

（2）安田［2004a］二七二〜三〇一頁、など。

（3）ロンボルグ［2003］によると、熱帯林は減少しているものの、先進国などの植林によって、統計上は、地球全体の森林面積はほぼ変化していないという。ロンボルグは地球環境破壊に懐疑的な論者だが、その彼の提示した数字でも、熱帯林は約一五〇年後に消滅する計算となる（同書一九九頁）。

（4）本書「序にかえて」四頁参照。

（5）メドウズ他［1972］。

（6）メドウズ他［1992］。

（7）メドウズ他［2005］。

（8）メドウズ他［2005］八三〜九三頁。読売新聞取材班［1999］一二一〜一三一頁。

（9）メドウズ他［2005］九四〜一〇六頁。

（10）安田［1995a］［2004b］安田編［2005］。

（11）安田［1995b］［2004b］など。

（12）ハーディン［1968］。

（13）ハーディン［1972］。

（14）佐和［2002］四〇頁。小島（寛）［2006］三一頁。
（15）石［1985］［2003］など。
（16）石［1985］七七～八二頁。本山［1990］二九～三五頁。石［2003］一二八～一三四頁。
（17）詳しくは、バグワティ［2005］。逆に、グローバリズムや自由貿易が環境破壊を引き起こすと主張するものに、ジョージ他［2002］一二七～一三二頁、ザックス［2003］一八〇～二〇三頁など。また、室田［1995］は、木材の自由貿易は、輸出側のカナダの森林と、輸入側の日本の森林の双方を、荒廃させていることを指摘している（同書八七～一〇九頁）。なお、自由貿易が地球環境に与える影響について、経済学的見地より多角的に検討したものに、和気［2002］。
（18）安田［2004a］二九七頁。
（19）UK-National Statistics［2008］。
（20）石［1985］一六六～二一一頁。石［2003］五四～七六頁。
（21）ＮＨＫ［1990］一九～二二頁。
（22）ハーディン［1972］など。
（23）ハーディン［1968］邦訳版四五一～四五二頁。本稿では、ハーディン［1972］邦訳版一一〇～一一九頁、も参照した。なお、共有牧草地の荒廃は、村の共有地が囲い込み運動によって分割私有化されることにより、荒廃の進行が停止し牧草地は保全されるようになった、とハーディンは捉えている（ハーディン［1972］邦訳版一一七頁）。だが中世の英国では、共有牧草地の使用には共同体による厳しい頭数制限が加えられており、数百年に渡って持続的に使用されていた（フィーニィ他［1998］）。よって「共有地の悲劇」は、共同体による個人の行動への拘束力が低下した時期に、一時的に生じた現象であろう。また、世界各地の共有地の多くも、持続的に利用されてきた。詳しくは、フィーニィ他［1998］を参照。近年における主要なコモンズ（共有地）論研究としては、間宮［2002］など。

(24) 佐和［2002］四〇頁。小島（寛）［2006］三一頁。

(25) ハーディン［1972］邦訳版一二六～一二八頁。

(26) 石［2003］六四～六六頁。

(27) ハーディン［1972］邦訳版一二八頁。

(28) 詳しくは、石［2002］一三〇～一五六頁、など。

(29) 葉山［1999］。

(30) 安田［1989］など。

(31) 安田［2004b］。

(32) 安田［2004b］、ダイヤモンド［2005］。

(33) 安田［2004b］一六～二二、二四六～二四九頁。

(34) 西川［2004］七九頁。

(35) 棚民について、詳しくは、上田［1994］［1997］［1999］［2002］、渋谷［1999］［2000］、など。特に明記しない限り、棚民に関する本稿の記述は、この諸論考による。

(36) 現在の中国の国土全体に占める森林面積の比率は、約一七%である（中国統計年鑑［2003］六頁）。
(37) 小林（一）［1992］一二四七頁。狭間他［1996］五頁。十九世紀における華中地域の人口崩壊については、拙稿［2003］九一頁（注七五）を参照。
(38) 風水林について、詳しくは、上田［1997］［2002］などを参照。
(39) 渋谷［1999］［2000］。
(40) ダニエルス［1999］。
(41) 拙稿［2005］一五一～一五二頁。本書第三章一二〇頁。
(42) 槌田［1998］［2002］、鬼頭［2002a］、ダイヤモンド［2005］、など。
(43) 斎藤（修）［1998］一三四～一三五頁。鬼頭［2002b］一二七頁。
(44) 速水［2001］六六～七〇頁。
(45) 斎藤（修）［1998］一三七～一三九頁。
(46) 鬼頭［2000］一六～一七頁。
(47) 鬼頭［2002a］七五～七八頁。鬼頭［2002b］九〇～九五頁。
(48) 斎藤（修）［1998］。
(49) 室田・三俣［2004］六～八頁。
(50) 江戸時代の森林経営については、詳しくは成田［1997］など。また、研究史については林業経済学会編［2006］など。

(51) 長崎［1998］。以下の記述は同書八〇～八四頁による。
(52) 田中（淳）［2007］二一～二二頁。
(53) FAO [2008].
(54) 河野［2006］一八七～一八八頁。
(55) 平野編［2001］。
(56) なお、ピュリッツァー賞を受賞したカリフォルニア大学のジャレド・ダイヤモンド教授は、解決法は三種類ある、とする。一つ目が政府ないしは権力者による強力な規制であり、二つ目が私有化である。そして三つ目が、共有地の利用者達が共通利益を認識して厳しい制約を自らに課す場合である（ダイヤモンド［2005］下巻、二三〇～二三一頁）。だが、権力者による規制は、その権力に永続性が保障されていなければ収奪的な森林経営となりやすい。また、私有化については、それだけでは、環境が保全されない場合があることは、本稿の考察で既に明らかである。

第五章

(1) 月本訳［1996］二八五～二八六、二九九～三〇一頁。岡田・小林［2000］八八頁。
(2) 訳本として、月本訳［1996］と矢島訳［1998］を用いた。
(3) 月本訳［1996］二一二～二一三頁の訳者による脚注参照。
(4) 梅原［1988］。安田［1989］［1995b］［1997］［2002b］。山折編［2005］五五頁。

（5）ウーリッヒ［1998］一三三頁。
（6）古代メソポタミアの創成神話では、人間は神々によって粘土で創られることが多い（月本訳［1996］九頁の脚注参照）。この点も聖書に継承されていると言えよう。
（7）矢島訳［1998］四三頁の脚注参照。
（8）小林（登）［2005］五八頁。
（9）小林（登）［2005］一八四〜一八五頁。
（10）月本訳［1996］「解説」二九三頁。
（11）フレイザー［1936］。
（12）ハリス［1988］二九〜四八頁。
（13）月本訳［1996］「解説」二九三頁。
（14）中島［1973］五六〜七三頁。小林（登）［2005］五〜七、三四、五九〜六三、二六〇頁。
（15）例えば、市川［1993］など。
（16）小林（登）［2005］二四六〜二四七頁。
（17）安田［1991］［2002a］など。
（18）矢島訳［1998］「解説」一九一〜一九二頁。
（19）ノイマン［1952］。
（20）ノイマン［1952］一六九〜一七〇頁。

(21) ノイマン［1952］一七〇～一七四頁。長谷川［1987］六一頁。大和［1996］六〇～八一頁。
(22) 思想的な理由については、詳しくは、大和［1996］を参照。
(23) ハリス［1997］三三～三六頁。
(24) ハリス［1997］二九頁。
(25) アタリ［1984］二五～二六頁。
(26) パーリン［1994］二九～三九頁。一粒の麦から何粒の麦が収穫できるかという収量倍率でみると、紀元前二十四世紀中頃に約七十六倍であった大麦は、その二百年後には三十倍へと低下した（小林登）［2005］五九頁）。
(27) 月本訳［1996］「解説」三一七～三一八頁。
(28) 安田［1994］九四頁。
(29) 安田［1997］二〇～二四頁。
(30) ブラウン［2003］三一五頁、など。
(31) ダイヤモンド［2005］。
(32) 吉田［1988］、西丸［1991］など。
(33) マリナー［1993］四七頁、サンデイ［1995］二一頁、など。
(34) 戦前ではフレイザー［1936］、近年ではアタリ［1984］、ハリス［1988］［1997］、サーリンズ［1993］、サンデイ［1995］など。

(35) アタリ [1984]。
(36) マリナー [1993]。
(37) ベッカー [1999]。
(38) 本稿における「死者の族内カニバリズム」と「殺人族外カニバリズム」は、それぞれ、サンデイ [1995] における「死者のカニバリズム」と「敵のカニバリズム」にあたる。
(39) サンデイ [1995] 二四頁、アタリ [1984] 二一頁。
(40) フレイザー [1936] 上巻六一~一五七頁。
(41) マリナー [1993] 一九頁。
(42) マリナー [1993] 四六頁。
(43) 西丸 [1991] 一四三、一七一~一七九頁。
(44) 春日 [1998]。
(45) 春日 [1998]。
(46) 吉田 [1988]、春日 [1998]。
(47) 吉田 [1988] 一九~二九頁。
(48) 吉田 [1988] 四二~四五頁。
(49) マリナー [1993] 五三~五四頁。
(50) ハリス [1988] 二八九頁。サンデイ [1995] 二六二頁。

(51) マリナー[1993]四三〜四四頁。
(52) 春日[1998]三九〇〜三九三頁。
(53) フィールドハウス[1991]二七七頁。
(54) ハリス[1988]。
(55) サンデイ[1995]五一頁。
(56) サンデイ[1995]二二頁。吉田[1988]六八〜七〇頁。フェルナンデス＝アルメスト[2003]五九〜六〇頁。
(57) パーリン[1994]二九〜三〇頁。

第六章

(1) 最近のものとしては、槌田[1998][2002]、斎藤(修)[1998]、鬼頭[2002a]など。
(2) 安田[2004a]二八二〜三〇四頁。
(3) クラーク[1969]七四頁。
(4) 安田[2004a]二九一〜三〇一頁。
(5) 第四章第三節第三項「近世日本文明の森林保全」を参照。
(6) 速水[2003]。
(7) 日本と英国で、同時並行的に生産革命が生じた理由について検討したものに、川勝[1991]。

(8) 速水［2003］二九三、三一五～三一七頁。
(9) 安田［1995a］［1995b］［1997］など。
(10) 石川［1997］三一四～三一五頁、など。
(11) 鬼頭［2002a］二〇三～二〇四頁。
(12) 中国大陸の下層農民は、二十世紀になっても、極度の貧困を強いられていた。詳しくは、拙稿［2003］八四頁、など。
(13) 斎藤（修）［1998］一四〇頁。
(14) 槌田［2002］一〇五頁。
(15) 槌田［2002］一〇五～一一四頁。
(16) 鬼頭［2002b］。
(17) 西川［2004］八六頁。
(18) 渡辺（誠）［2004］四五～八四頁。渡辺（一）［2004］一六一～一八六頁。
(19) 柳生［1632］。
(20) ベッカー［1999］二九五～三〇五頁。
(21) 食料や労働力の強奪といった視点から戦国の戦場を検討した研究に、藤木［1995］。
(22) 速水［2003］八七～八八頁。
(23) 藤木［1995］。

(24) 藤木［2001］九〇～九五頁。
(25) 鬼頭［2002a］五八頁。
(26) 戦闘がおきると、領民は領主の城に逃げ込んだ。詳しくは、藤木［1995］一四九～一七七頁。
(27) 渡辺（誠）［2004］四五～八四頁。
(28) 奈良本［1973］。
(29) 渡辺（誠）［2004］五五頁。
(30) 布川［1995］。
(31) 田中（圭）［2002］四五～八七頁。
(32) 恩田について、詳しくは笠谷［1988］［1999］。
(33) 斎藤（修）［1998］。
(34) 詳しくは、安田［1989］一六四～一七六頁。
(35) FAO-India［2003］。
(36) 安田［2006］三六〇頁。
(37) ＪＩＣＡ［2005］、中村［2005a］［2005b］。
(38) 中村［2005a］四四頁。
(39) 入江「1990」「1992」など。

だし、ハーディンの諸論考は、原著が刊行された年とした。

〈英文文献〉

FAO［1954］Food and Agriculture Organization of the United Nations, *Yearbook of Food and Agricultural Statistics - Trade 1953*, Rome, Italy.

――［2003］Food and Agriculture Organization of the United Nations, *FAO Yearbook - Trade 2001*, Rome.

――［2008］FAO（公式ホームページ）, "Forestry Department country pages".

FAO-India［2003］“India” *Forestry*, FAO公式ホームページ。

I. H. S., Asia［2003］B. R. Mitchell, *International Historical Statistics, Africa, Asia & Oceania : 1750-2000*, Fourth Edition, Palgrave Macmillan.

I. H. S., The Americas［2003］B. R. Mitchell, *International Historical Statistics, The Americas : 1750-2000*, Fifth Edition, Palgrave Macmillan.

UK-National Statistics［2008］National Statistics（公式ホームページ）, "Woodland cover, 1980 and 2002: Social Trends 34".

USDA［2004］United States Department of Agriculture, *Agricultural Statistics 2002*, United States Government Printing Office, Washington, 2004.

〈中文文献〉

中国統計年鑑［2003］中華人民共和国国家統計局編『中国統計年鑑・2003』中国統計出版社。

陸編［2004］陸学芸編『当代中国社会流動』社会科学文献出版社。

年10月24日。

ロンボルグ［2003］ビョルン・ロンボルグ著、山形浩生訳『環境危機をあおってはいけない：地球環境のホントの実態』文藝春秋。（Bjorn Lomborg, *The Skeptical Environmentalist : Measuring the Real State of the World*, Cambridge University Press, updated version, 2001.）

若田部［2005］若田部昌澄『改革の経済学―回復をもたらす経済政策の条件』ダイヤモンド社。

和気［2002］和気洋子「環境と貿易」森田恒幸・天野明弘編『岩波講座　環境経済・政策学　第6巻　地球環境問題とグローバル・コミュニティ』岩波書店。

渡辺（一）［2004］渡辺一郎「解説」柳生宗矩著、渡辺一郎校注『兵法家伝書』岩波書店。

渡辺（誠）［2004］渡辺誠『禅と武士道―柳生宗矩から山岡鉄舟まで』KKベストセラーズ。

渡部［1993］渡部忠世『稲の大地―「稲の道」からみる日本の文化』小学館。

――［1995］渡部「農耕文化の研究をめぐって」農耕文化研究振興会編『農耕空間の多様と選択』大明堂。

――［2005］渡部「論考：日本農業の未来と国家像」『京都新聞』2005年2月4日。

FAO協会［2003］国際連合食糧農業機関（FAO）編集、国際食糧農業協会（FAO協会）翻訳発行『2002年版FAO農産物貿易年報（1997-1999）』、2003年。

JICA［2005］JICA公式ホームページ。

NHK［1990］NHK取材班『地球は救えるか1』日本放送出版協会。

MovieWalker［2007］MovieWalkerホームページ。

OECDレポート［1993］嘉田良平監修、農林水産省国際部監訳『OECDレポート・環境と農業―先進諸国の政策一体化の動向』農山漁村文化協会。

UNDP［2007］UNDP東京事務所『人間開発ってなに？―ほんとうの豊かさをめざして』公式ホームページ。


〈注〉戦後に出版された文献については、邦訳版が刊行された年を記した。た

―― ［1998］安田『世界史の中の縄文文化』増補改訂版、雄山閣出版。

―― ［2002a］安田『日本よ、森の環境国家たれ』中央公論新社。

―― ［2002b］安田『古代文明の興亡』学習研究社。

―― ［2004a］安田『文明の環境史観』中央公論新社。

―― ［2004b］安田『気候変動の文明史』NTT出版。

―― ［2006］安田「山岳信仰と島国日本の未来」安田喜憲編『山岳信仰と日本人』NTT出版。

安田編［2005］安田喜憲編『巨大災害の時代を生き抜く―ジェオゲノム・プロジェクト』ウェッジ。

山折［1996a］山折哲雄「『飢餓』について―二つの立場」梅原猛編『講座・文明と環境―新たな文明の創造』第15巻、朝倉書店。

―― ［1996b］山折「捨身飼虎の変容」『日本研究』第15集。

山折編［2005］山折哲雄編『環境と文明：新しい世紀のための知的創造』NTT出版
湯浅［1999］湯浅赳男『文明の人口史：人類と環境との衝突、一万年史』新評論。

吉田［1988］吉田集而『不死身のナイティ―ニューギニア・イワム族の戦いと食人』平凡社。

読売新聞取材班［1999］読売新聞中国環境問題取材班『中国環境報告：苦悩する大地は甦るか』日中出版。

ラシッド［2000］アハメド・ラシッド著、坂井定雄・伊藤力司訳『タリバン―イスラム原理主義の戦士たち』講談社。

ラックス［1996］ケネス・ラックス著、田中秀臣訳『アダム・スミスの失敗―なぜ経済学にはモラルがないのか』草思社。

林業経済学会編［2006］林業経済学会編『林業経済研究の論点―50年の歩みから―』日本林業調査会。

リカード［1819］リカードウ著、羽鳥卓也・吉澤芳樹訳『経済学及び課税の原理』上巻、岩波書店、1987年。（ただし、本訳書のテキストの原著第2版は1819年刊行）

労政審議会［2006］労働政策審議会労働条件分科会「第66回（議事録）」2006

――［1992］ドネラ・H・メドウズ、デニス・L・メドウズ、ヨルゲン・ランダース著、茅陽一監訳、松橋隆治、村井昌子訳『限界を超えて―生きるための選択』ダイヤモンド社。

――［2005］ドネラ・H・メドウズ、デニス・L・メドウズ、ヨルゲン・ランダース著、枝廣淳子訳『成長の限界　人類の選択』ダイヤモンド社。

本山［1990］本山美彦『環境破壊と国際経済―変わるグローバリズム』有斐閣。

――［2006］本山『売られ続ける日本、買い漁るアメリカ』ビジネス社。

――［2007］本山『姿なき占領』ビジネス社。

森下［2001］森下宏美『マルサス人口論争と「改革の時代」』日本経済評論社。

森田［2007］森田実『自民党の終焉―民主党が政権をとる日』角川SSコミュニケーションズ。

モロウ［1923］G. R. モロウ著、鈴木信雄・市岡義章訳『アダム・スミスにおける倫理と経済』未来社、1992年。

柳生［1632］柳生宗矩著、渡辺一郎校注『兵法家伝書』岩波書店、2004年。

矢島訳［1998］矢島文夫訳『ギルガメシュ叙事詩』筑摩書房。

安田［1987］安田喜憲『世界史の中の縄文文化』雄山閣出版。

――［1989］安田『文明は緑を食べる』読売新聞社。

――［1991］安田『大地母神の時代―ヨーロッパからの発想』角川書店。

――［1994］安田『蛇と十字架―東西の風土と宗教』人文書院。

――［1995a］安田『森と文明の物語―環境考古学は語る』筑摩書房。

――［1995b］安田「現代文明崩壊のシナリオ」吉野正敏、安田喜憲編『講座［文明と環境］6歴史と気候』朝倉書店。

――［1995c］安田「環太平洋の文明融合センター」梅原猛・安田喜憲編『縄文文明の発見』PHP研究所。

――［1995d］安田「クリ林が支えた高度な縄文文化」梅原猛・安田喜憲編『縄文文明の発見』PHP研究所。

――［1996］安田「文明の縄文化・文明のヘレニズム化が人類を救う」梅原猛編『講座［文明と環境］15：新たな文明の創造』朝倉書店。

――［1997］安田『森を守る文明・支配する文明』PHP研究所。

一・阿部斉・有賀弘・宮島直機共訳『改革の時代：農民神話からニューディールへ』みすず書房、新装版（初版は1967年）。

毎日［2008］毎日新聞「〈推計人口〉統計以来、初の自然減に」毎日jp、2008年3月21日。

牧野［1988］牧野和春『森林を蘇らせた日本人』日本放送出版協会。

マクドナルド［2005］日本マクドナルド株式会社公式ホームページ。

増田［2006］増田明利『今日、ホームレスになった　13のサラリーマン転落人生』新風舎。

間宮［2002］間宮陽介「コモンズと資源・環境問題」佐和隆光・植田和弘編『岩波講座環境経済・政策学　第一巻　環境の経済理論』岩波書店。

マリナー［1993］ブライアン・マリナー著、平石律子訳『カニバリズム—最後のタブー』青弓社。

マルサス［1798］Thomas Robert Malthus, *An Essay on the principle of population, as it affects the future improvement of society, with remarks on the speculations of Mr. Godwin, M. Condorcet, and other writers*, London. 英語版はMacmillan社から1966年に刊行された複製版を、邦訳版は永井義雄訳『人口論』（中央公論新社、1973年）を、参照した。

——［1826］邦訳版Ⅳ T. R. マルサス著、吉田秀夫訳『各版対照　人口論Ⅳ』春秋社、1949年。

水田［1968］水田洋『アダム・スミス研究』未来社。

ミュラー［1993］デニス・C・ミュラー著、加藤寛監訳『公共選択論』有斐閣。

村井［1988］村井吉敬『エビと日本人』岩波書店。

村上［2000］村上衛「清末廈門における交易構造の変動」『史学雑誌』109巻3号。

室田［1995］室田武『地球環境の経済学』実務教育出版。

室田・三俣［2004］室田武・三俣学『入会林野とコモンズ』日本評論社。

メドウズ他［1972］ドネラ・H・メドウズ、デニス・L・メドウズ、ジャーガン・ラーンダズ、ウィリアム・W・ベアランズ三世著、大来佐武郎監訳『成長の限界—ローマ・クラブ「人類の危機」レポート』ダイヤモンド社。

—— ［2001］藤木『飢餓と戦争の戦国を行く』朝日新聞社。

藤藪［2007］藤藪貴治「生活保護　ヤミの北九州方式」『経済』143号、新日本出版社。

ブラウン［1995a］レスター・ブラウン「誰が中国を養うのか—高度成長を続ける中国の胃袋の脅威」『現代農業・増刊』農山漁村文化協会。

—— ［1995b］レスター・R・ブラウン著、今村奈良臣訳『誰が中国を養うのか？：迫りくる食糧危機の時代』ダイヤモンド社。（Lester R. Brown, *Who Will Feed China? : Wake-Up Call for a Small Planet*, W. W. Norton&Company.）

—— ［1996］ブラウン著、今村奈良臣訳『食料破局—回避のための緊急シナリオ』ダイヤモンド社。

—— ［2002］ブラウン著、福岡克也監訳、北濃秋子訳『エコ・エコノミー』家の光協会。

—— ［2003］ブラウン著、北城恪太郎監訳『レスター・ブラウン　プランB—エコ・エコノミーをめざして』ワールドウォッチジャパン。

—— ［2005］ブラウン著、福岡克也監訳『フード・セキュリティー—誰が世界を養うのか』株式会社ワールドウォッチジャパン。

フレイザー［1936］J. G. フレイザー著、神成利男訳、石塚正英監修『金枝篇—呪術と宗教の研究　呪術と王の起源』［上］［下］国書刊行会、2004年。

プレン［1994］ジョン・プレン著、溝川喜一・橋本比登志編訳『マルサスを語る』ミネルヴァ書房。

ベッカー［1999］ジャスパー・ベッカー著、川勝貴美訳『餓鬼《ハングリー・ゴースト》—秘密にされた毛沢東中国の飢饉』中央公論新社。

ヘーゲル［1822］邦訳版Ⅱ　ヘーゲル著、藤野渉、赤沢正敏訳『法の哲学』Ⅱ、中央公論新社、2001年。

ホッブス［1651］邦訳版第一巻　ホッブス著、水田洋訳『リヴァイアサン』（一）岩波書店、1954年。

ポンティング［1994］クライブ・ポンティング著、石弘之・京都大学環境史研究会訳『緑の世界史』（上）、朝日新聞社。

本間［1991］本間長世『アメリカ史像の探求』東京大学出版会。

ホーフスタッター［1988］R. ホーフスタッター著、清水知久・斉藤眞・泉昌

パーリン［1994］ジョン・パーリン著、安田喜憲・鶴見精二訳『森と文明』晶文社。

ハンチントン［1998］サミュエル・ハンチントン著、鈴木主税訳『文明の衝突』集英社。

——［2000］ハンチントン著、鈴木訳『文明の衝突と21世紀の日本』集英社。

平野［2001］平野克己「アフリカ農業の国際比較—成長しない経済」平野克己編『アフリカ比較研究—諸学の挑戦』日本貿易振興会アジア経済研究所。

平野編［2001］平野克己編『アフリカ比較研究—諸学の挑戦』日本貿易振興会アジア経済研究所。

フィーニィ他［1998］D. フィーニィ、F. バークス、B. J. マッケイ、J. M. アチェソン著、田村典江訳「コモンズの悲劇—その22年後」『エコソフィア：自然と人間をつなぐもの』第1号、民族自然誌研究会。

フィールドハウス［1991］ポール・フィールドハウス著、和仁皓明訳『食と栄養の文化人類学—ヒトは何故それを食べるか』中央法規出版。

フェルナンデス＝アルメスト［2003］フェリペ・フェルナンデス＝アルメスト著、小田切勝子訳『食べる人類史—火の発見からファーストフードの蔓延まで』早川書房。

深川［2002］深川博史「グローバル経済下の韓国における農政転換」石田修・深川博史編『国際経済のグローバル化と多様化2：アジア経済とグローバル化』九州大学出版会。

布川［1995］布川《ふかわ》清司『江戸時代の民衆思想—近世百姓が求めた平等・自由・生存』三一書房。

ブキャナン［2002］ジェームズ・ブキャナン「レントシーキングと利潤追求」ロバート・トリソン、ロジャー・コングレトン編、加藤寛監訳『レントシーキングの経済理論』勁草書房。

福井［1999］福井捷朗「モンスーンアジアにおける水田農業の環境学的諸問題」安成哲三・米本昌平編『岩波講座地球環境学2・地球環境とアジア』岩波書店。

藤木［1995］藤木久志『雑兵たちの戦場—中世の傭兵と奴隷狩り』朝日新聞社。

低所得者の命を脅かす」『中央公論』2008年4月号。

バグワティ［2005］ジャグディシュ・バグワティ著、鈴木主税、桃井緑美子訳『グローバリゼーションを擁護する』日本経済新聞社。

狭間他［1996］狭間直樹・岩井茂樹・森時彦・川井悟『データでみる中国近代史』有斐閣。

橋本［1987］橋本比登志『マルサス研究序説―親子書簡・初版「人口論」を中心として』嵯峨野書院。

長谷川［1987］長谷川明『インド神話入門』新潮社。

葉山［1999］葉山アツコ「熱帯林の憂鬱―森林の共同管理は可能か」秋道智彌編『講座人間と環境　第一巻　自然はだれのものか―「コモンズの悲劇」を超えて』昭和堂。

速水［2001］速水融『歴史人口学で見た日本』文芸春秋。

――［2003］速水『近世日本の経済社会』麗澤大学出版会。

原嶋・島崎［2002］原嶋洋平・島崎洋一著、渡辺利夫監修『東アジア長期統計別巻3：環境』勁草書房。

原田［1995］原田泰『日米関係の経済史』筑摩書房。

原田・香西［1987］原田泰・香西泰『日本経済　発展のビッグ・ゲーム―レント・シーキング活動を越えて』東洋経済新報社。

ハリス［1988］マーヴィン・ハリス著、板橋作美訳『食と文化の謎―good to eatの人類学』岩波書店。

――［1997］ハリス著、鈴木洋一訳『ヒトはなぜヒトを食べたか―生態人類学から見た文化の起源』早川書房。

ハーディン［1968］Garrett Hardin “The Tragedy of the Commons”, *Science*, Vol. 162, No. 3859, 13 December 1968. 邦訳版は、ギャレット・ハーディン「共有地の悲劇」、シュレーダー・フレチェット編、京都生命倫理研究会訳『環境の倫理』晃洋書房、1993年、所収、を参照。

――［1972］ガレット・ハーディン著、松井巻之助訳『地球に生きる倫理：宇宙船ビーグル号の旅から』佑学社、1975年。

バーバック・フリン［1987］R．バーバック、P．フリン著、中野一新・村田武監訳『アグリビジネス：アメリカの食糧戦略と多国籍企業』大月書店。

法』青木書店。

中村［2005a］中村英「中国の砂漠や黄土高原緑化運動と日本人・上―大地に、人の心に木を植える」『朝日総研リポート』185号。

――［2005b］中村「中国の砂漠や黄土高原緑化運動と日本人・下―植林ワーキングツアー同行記」『朝日総研リポート』186号。

奈良本［1973］奈良本辰也訳編『葉隠』角川書店。

成田［1997］成田雅美『森林経営の社会史的研究』日本林業調査会。

西尾他編［2003］西尾道徳・守山弘・松本重男編『農学基礎セミナー・環境と農業』農山漁村文化協会。

西川［1984］西川潤『飢えの構造・近代と非ヨーロッパ世界』増補改訂版、ダイヤモンド社。

――［1991］西川『世界経済入門』第2版、岩波書店。

――［1994］西川『〈新版〉食料』岩波書店。

――［2004］西川『世界経済入門』第3版、岩波書店。

西丸［1991］西丸震哉『さらば文明人―ニューギニア食人種紀行』ファラオ企画。

日中経済協会［2007］「主要外貨に対する人民元の平均レート」財団法人日中経済協会公式ホームページ。

日中緑化交流基金［2007］「日中緑化交流基金の概要」日中緑化交流基金公式ホームページ。

ノイマン［1952］エリッヒ・ノイマン著、福島章、町沢静夫、大平建、渡辺寛美、矢野昌史訳『グレート・マザー―無意識の女性像の現象学』ナツメ社、1982年。

農林水産省［2003］農林水産省『米国の農業政策について』農林水産省公式ホームページ。

――［2004］農水省『麦政策の現状と検証』農水省公式ホームページ。

馬［2000］馬暁河「21世紀中国の食糧問題」中国国家統計局監修・（株）綜研編『中国富力―省・都市別マーケティング・データベース2000―2001年版』、かんき出版。

葉上［2008］葉上太郎「ルポ　生活保護に見捨てられる　自治体の"節約"が

大学商学研究会）第47巻第4号。

富山［1974］富山《とみやま》和子『水と緑と土：伝統を捨てた社会の行方』中央公論新社。

——［1993］富山『日本の米—環境と文化はかく作られた』中央公論新社。

——［1994］富山『自然と人間：森は生きている』（新版）講談社。

——［1995］富山『自然と人間：お米は生きている』講談社。

——［2001］富山『環境問題とは何か』PHP研究所。

友寄［2006］友寄英隆『「新自由主義」とは何か』新日本出版社。

トリソン・コングレトン編［2002］ロバート・トリソン、ロジャー・コングレトン編、加藤寛監訳『レントシーキングの経済理論』勁草書房。

トレイジャー［1975］ジェームズ・トレイジャー著、坂下昇訳『穀物戦争：アメリカの「食糧の傘」の内幕』東洋経済新報社。

トンプソン［1997］ロバート・トンプソン「食糧安全保障の展望」『アジア時報』第321号、アジア調査会。

内閣府［2007］内閣府「参考（OECD諸国の一人当たり国内総生産）」『国民経済計算確報』公式ホームページ、2007年12月26日。

永井［1973］永井義雄「解説」マルサス著、永井義雄訳『人口論』中央公論新社。

中尾［1966］中尾佐助『栽培食物と農耕の起源』岩波書店。

——［1972］中尾『料理の起源』日本放送出版協会。

中垣［1984］中垣和子「米国の対日食糧戦略とその軌跡」『月刊　経営コンサルタント』425号。

長崎［1994］長崎福三『肉食文化と魚食文化—日本列島に千年住みつづけられるために』農山漁村文化協会。

——［1998］長崎『システムとしての〈森—川—海〉魚付林の視点から』農山漁村文化協会。

中島［1973］中島健一『古オリエント文明の発展と衰退』校倉書房。

中野［1989］中野謙二『東アジアの食文化：北京・香港・ソウル』研文出版。

永岑［2001］永岑三千輝『独ソ戦とホロコースト』日本経済評論社。

——［2003］永岑『ホロコーストの力学—独ソ連・世界大戦・総力戦の弁証

ダイヤモンド社、1996年。

——［1997］レスター・R・ブラウン編、浜中裕徳監訳『地球白書1997-98』、ダイヤモンド社、1997年。

——［1998］レスター・R・ブラウン編、浜中裕徳監訳『地球白書1998-99』、ダイヤモンド社、1998年。

——［1999］レスター・R・ブラウン著、浜中裕徳監訳『地球白書1999-2000』、ダイヤモンド社、1999年。

——［2000］レスター・R・ブラウン編、浜中裕徳監訳『地球白書2000-01』、ダイヤモンド社、2000年。

——［2001］レスター・ブラウン編著、エコ・フォーラム21世紀・日本語版監修『地球白書2001-02』、2001年。

——［2002］エコ・フォーラム21世紀・日本語版監修、クリストファー・フレイヴィン編『地球白書2002-03』、家の光協会、2002年。

——［2003］エコ・フォーラム21世紀・日本語版監修、クリストファー・フレイヴィン編『地球白書2003-04』、家の光協会、2003年。

張［2000］張為民「21世紀中国人口に関する展望」中国国家統計局監修・(株) 綜研編『中国富力—省・都市別マーケティング・データベース2000—2001年版』、かんき出版。

月本訳［1996］月本昭男訳『ギルガメシュ叙事詩』岩波書店。

蔦谷［2000］蔦谷栄一『持続型農業からの日本農業再編』日本農業新聞発行。

——［2004］蔦谷『日本農業のグランドデザイン』農山漁村文化協会。

槌田［1998］槌田敦『エコロジー神話の功罪—サルとして感じ、人として歩め』ほたる出版。

——［2002］槌田『新石油文明論—砂漠化と寒冷化で終わるのか』農山漁村文化協会。

——［2006］槌田『CO2温暖化説は間違っている』ほたる出版。

堤［2008］堤未果『ルポ　貧困大国アメリカ』岩波書店。

データブック［2004］二宮健二編『データブックオブザワールド2004年版』二宮書店。

寺本［2000］寺本益英「安藤百福と即席めんの開発」『商学論究』(関西学院

園田［1991］園田英弘「逆欠如理論」『教育社会学研究』49号。

園田編［2001］園田英弘編『流動化する日本の「文化」―グローバル時代の自己認識』日本経済評論社。

――［2005］園田編著『逆欠如の日本生活文化―日本にあるものは世界にあるか』思文閣出版。

ダイヤモンド［2005］ジャレド・ダイヤモンド著、楡井浩一訳『文明崩壊―滅亡と存続の命運を分けるもの』上・下、草思社。

高嶋［1984］高嶋光雪『日本侵攻：アメリカ小麦戦略』家の光協会。

竹内（照）［1971］竹内照夫『新釈漢文大系：礼記』上、明治書院。

竹内（靖）［1991］竹内靖雄『市場の経済思想』創文社。

――［1997］竹内『経済思想の巨人たち』新潮社。

竹前・中村［1998］竹前《たけまえ》栄治・中村隆英監修『GHQ日本占領史・農業』日本図書センター。

只木［1988］只木良也『森と人間の文化史』日本放送出版協会。

田中（淳）［2007］田中淳夫《あつお》『森林からのニッポン再生』平凡社。

田中（圭）［2002］田中圭一『村からみた日本史』筑摩書房。

田中（秀）［2004］田中秀臣『経済論戦の読み方』講談社。

――［2006a］田中『ベン・バーナンキ　世界経済の新皇帝』講談社。

――［2006b］田中『経済政策を歴史に学ぶ』ソフトバンク・クリエイティブ。

田中・野口・若田部［2003］田中秀臣・野口旭・若田部昌澄『エコノミストミシュラン』太田出版。

ダニエルス［1999］クリスチャン・ダニエルス「清代貴州苗族の植林技術」『日中文化研究』14号。

玉野井［1977］玉野井芳郎「解説」マルサス著、玉野井芳郎訳『経済学における諸定義』岩波書店。

地球白書［1986］レスター・R・ブラウン編、本田幸雄監訳『地球白書・持続可能な社会をめざして』、福武書店。

――［1995］レスター・R・ブラウン編、澤村宏監訳『地球白書1995-96』、ダイヤモンド社、1995年。

――［1996］レスター・R・ブラウン編、浜中裕徳監訳『地球白書1996-97』、

白石［1995］白石和良「中国を養うのは中国」『現代農業・増刊』農山漁村文化協会。

シンプソン［2002］ジェームズ・R・シンプソン『これでいいのか日本の食料　アメリカ人研究者の警告』家の光協会。

菅谷［1996］菅谷《すがや》文則「中国大陸の森林破壊と木槨墓造営」安田喜憲・菅原聰編『講座［文明と環境］9：森と文明』朝倉書店。

スミス［1759］Adam Smith, *TheTheory of Moral Sentiments*. 英語版は2002年にCambridge University Pressから刊行（Edited by Knud Haakonssen）されたものを、邦訳版は水田洋訳『道徳感情論』（上）（下）岩波書店、2003年、を参照した。

――［1776］Adam Smith, *An Inquiry into the Nature and Causes of the Wealth of Nations*. 英語版は1995年にWilliam Pickering社（London）から刊行（Edited by William Playfair）されたものを、邦訳版は大河内一男監訳『国富論』Ⅰ、Ⅱ、Ⅲ、中央公論新社、1978年、を参照した。

スミル［1996］ヴァーツラフ・スミル著、深尾葉子・神前進一訳『蝕まれた大地―中国の環境問題』行路社。

世界国勢図会［2004］財団法人・矢野恒太記念会編集・発行『世界国勢図会2004/2005年版』。

関岡［2007］関岡英之「改革は誰のものだったのか―『拒否できない日本』を著して以後」『別冊正論』Extra. 07。

セン［2000］アマルティア・セン著、黒崎卓・山崎幸治訳『貧困と飢饉』、岩波書店。

――［2002］セン著、大石りら訳『貧困の克服―アジア発展の鍵は何か』集英社。

――［2006］セン著、東郷えりか訳『人間の安全保障』集英社。

全農［1995］全国農業協同組合中央会『月刊JA』41巻1号。

総務省統計局［2004］総務省統計研修所『世界の統計2004年版』総務省統計局。

――［2008］総務省統計局「労働力調査詳細集計（速報）平成十九年平均結果の概要」2008年2月29日。

サロー［1981］レスター・C・サロー著、岸本重陳訳『ゼロ・サム社会』TBSブリタニカ。

佐和［2002］佐和隆光「市場システムと環境」佐和隆光・植田和弘編『岩波講座　環境経済・政策学　第一巻　環境の経済理論』岩波書店。

産経［2007］ＭＳＮ産経ニュース「世界GDPに占める割合　日本、最低の9・1％」公式ホームページ、2007年12月26日。

サンケイエキスプレス［2008］「名古屋あのね話　嫁取り御三家のその上は」『サンケイエキスプレス』2008年3月13日。

サンデイ［1995］ペギー・リーヴズ・サンデイ著、中山元訳『聖なる飢餓―カニバリズムの文化人類学』青弓社。

サーチナ［2004］サーチナ総合研究所『中国消費者の生活実態―サーチナ中国白書　2004-2005』株式会社サーチナ発行。

サーリンズ［1993］マーシャル・サーリンズ著、山本真鳥訳『歴史の島々』法政大学出版局。

ジェトロ［2002a］ジェトロ（日本貿易振興会）編集・発行『アジアの投資環境比較』。

――［2002b］ジェトロ編集・発行『農林水産物の貿易：アグロトレード・ハンドブック2002』。

渋谷［1999］渋谷裕子「杉とトウモロコシ：安徽省休寧県の棚民調査」『日中文化研究』14号。

――［2000］渋谷「清代徽州休寧県における棚民像」山本英史編『伝統中国の地域像』慶應義塾大学出版会。

清水［1994］清水洋二「食料生産と農地改革」大石嘉一郎編『日本帝国主義史３：第二次大戦期』東京大学出版会。

朱［1998］朱建栄『中国2020年への道』日本放送出版協会。

ジュリアン［1990］ブルーノ・ジュリアン著、津守英夫・岡田明輝・清水卓・石月義訓訳『アメリカの圧力団体：権力に迫る食料・農業ロビイスト』食料・農業政策研究センター。

ジョージ他［2002］スーザン・ジョージVSマーティン・ウルフ著、杉村昌昭訳『［徹底討論］グローバリゼーション　賛成／反対』作品社。

査」公式ホームページ。

小島（朋）編［2000］小島朋之編『中国の環境問題：研究と実践の日中関係』慶應義塾大学出版会。

小島（寛）［2006］小島寛之『エコロジストのための経済学』東洋経済新報社。

小島（麗）［1997］小島麗逸『現代中国の経済』岩波書店。

──［2002］小島「中国―国土を蝕んで進む高度消費文明」『科学』第72巻第8号、岩波書店。

後藤［2007］後藤道夫「ワーキング・プアと国民の生存権」『経済』143号、新日本出版社。

小林（一）［1992］小林一美『清朝末期の戦乱』新人物往来社。

小林（登）［2005］小林登志子『シュメル―人類最古の文明』中央公論新社。

小松［2000］小松正之『クジラは食べていい！』宝島社。

──［2002］小松『クジラと日本人―食べてこそ共存できる人間と海の関係』青春出版社。

コーテン［1997］デビット・コーテン著、西川潤監訳、桜井文翻訳『グローバル経済という怪物―人間不在の世界から市民社会の復権へ』シュプリンガー東京。

斎藤（修）［1998］斎藤修「人口と開発と生態環境―徳川日本の経験から」川田順造・岩井克人・鴨武彦・恒川惠市・原洋之介・山内昌之編『岩波講座　開発と文化五　地球環境と開発』岩波書店。

斎藤（一）［1991］斎藤一夫『アジアの農業と経済：戦後四十五年の発展の軌跡』勁草書房。

斎藤（一）編［1974］斎藤一夫編『緑の革命』アジア経済研究所。

佐藤［2003］佐藤有史「貨幣と穀物―マルサスの経済学を再考する」永井義雄・柳田芳伸・中澤信彦編『マルサス理論の歴史的形成』昭和堂。

ザックス［2003］ヴォルフガング・ザックス著、川村久美子、村井章子訳『地球文明の未来学―脱開発へのシナリオと私たちの実践』新評論。

サピオ［2008］「メディアを裁く！第165回　コロンビア・ジャーナリズム・レビュー」『国際情報誌　サピオ』第20巻第6号、2008年3月26日号、小学館。

―― [2002b] 鬼頭『日本の歴史　第19巻　文明としての江戸システム』講談社。
ギルモア [1982] リチャード・ギルモア著、中山善之訳『世界の食糧戦略』TBSブリタニカ。
グラブ他 [2000] マイケル・グラブ、クリスティアン・フローレイク、ダンカン・ブラック著、松尾直樹監訳『京都議定書の評価と意味―歴史的国際合意への道』財団法人省エネルギーセンター。
クラーク [1969] コーリン・クラーク著、杉崎真一訳『人口増加と土地利用』大明堂。
黒川他 [1995] 黒川和美・奥野正寛・多賀谷一照・横山彰・三野徹『農業大革命―農業が甦る・日本が変わる』PHP研究所。
警察庁 [2007] 警察庁生活安全局地域課『平成18年中における自殺の概要資料』公式ホームページ。
経団連 [2005] 日本経済団体連合会『ホワイトカラーエグゼンプションに関する提言』2005年6月21日。
ケンタッキー [2005] 日本ケンタッキー・フライド・チキン株式会社公式ホームページ。
江 [1995] 江宛棣「中国は世界食糧供給の脅威とはならない」『現代農業・増刊』農山漁村文化協会。
厚生労働省 [2006] 厚生労働省『平成18年　国民生活基礎調査の概況』公式ホームページ。
―― [2007] 厚労省『ホームレスの実態に関する全国調査報告書』公式ホームページ。
河野 [2006] 河野博子『アメリカの原理主義』集英社。
古賀 [1989] 古賀勝次郎『東西思想の比較―融合の可能性を求めて』成文堂。
国際森林研究センター [2004]「ハンバーガーがアマゾンの破壊を加速」国際森林研究センターホームページ、2004年4月2日。
国際連合統計局編 [2004] 国際連合統計局編、原書房編集部訳『国際連合世界統計年鑑・2000』原書房、2004年
国土交通省 [2008] 国土交通省土地総合情報ライブラリー「都道府県地価調

金子（甫）［1989］金子甫『資本主義と共産主義―マルクス主義の批判的分析』文眞堂。

――［1995］金子『経済学の原理―マルクス経済学批判・近代経済学の是正』文眞堂。

金田［2003］金田芙美「米国における様々なフードガイドピラミッド」独立行政法人国立健康・栄養研究所監修、吉池信男編、吉池信男・金田芙美訳『アメリカ人のための食生活指針：「健康的な食」を伝える最新のメッセージから学ぶ』第一出版株式会社。

亀井［1947］亀井勝一郎『捨身飼虎』百華苑。

亀山・海上［1999］亀山潔・海上知明「スミス経済学と環境思想―『国富論』における小規模経済の思想」『国士舘大学政経論叢』1999年4号。

ガロウ［1981］ジェラール・ガロウ著、黒木壽時訳『武器としての食糧』TBSブリタニカ。

過労死・自死相談センター［2006］過労死・自死相談センター「過労死労災認定件数推移」公式ホームページ。

川勝［1991］川勝平太『日本文明と近代西洋：「鎖国」再考』日本放送出版協会。

――［1992］川勝「マルクスとダーウィン」『早稲田政治経済学雑誌』第307・308合併号。

――［1997］川勝『文明の海洋史観』中央公論社。

――［2001］川勝『海洋連邦論：地球をガーデンアイランズに』PHP研究所。

――［2002］川勝『美の文明をつくる：「力の文明」を超えて』筑摩書房。

川勝・安田［2003］川勝平太・安田喜憲『敵を作る文明　和をなす文明』PHP研究所。

カーター［1976］ジミー・カーター著、酒向克郎訳『なぜベストをつくさないのか：ピーナッツ農夫から大統領への道』英潮社。

北沢［2003］北沢洋子『利潤か人間か―グローバル化の実態と新しい社会運動』コモンズ。

鬼頭［2000］鬼頭宏『人口から読む日本の歴史』講談社。

――［2002a］鬼頭『環境先進国江戸』PHP研究所。

ポタミアの神々　世界最古の「王と神々の饗宴」』集英社。

小川（忠）［2003］小川忠『原理主義とは何か―アメリカ、中東から日本まで』講談社。

小川（了）［2004］小川了『世界の食文化　11　アフリカ』農山漁村文化協会。

奥山［2000］奥山忠政『文化経済学ライブラリー⑥ラーメンの文化経済学』芙蓉書房出版。

織田［2004］織田創樹「日本語版を読まれる方へ」エコ・フォーラム21世紀・日本語版監修、クリストファー・フレイヴィン編『地球白書2004-05』、家の光協会、2004年。

笠谷［1988］笠谷和比古校注『新訂　日暮硯』岩波書店。

――［1999］笠谷『「日暮硯」と改革の時代―恩田杢にみる名臣の条件』ＰＨＰ研究所。

春日［1998］春日直樹「食人と他者理解―宣教師のみたフィジー人」田中雅一編著『暴力の文化人類学』京都大学学術出版会。

加藤・陳［2002］加藤弘之・陳光輝著、渡辺利夫監修『東アジア長期統計12：中国』勁草書房。

勝見［2000］勝見洋一『中国料理の迷宮』講談社。

拙稿［1999］金子晋右「開港後の青梅における輸入綿布の防遏」『地方史研究』第279号。

――［2002］金子「戦前期の世界生糸市場を巡るアジア間競争―インドの蚕糸業と輸入生糸市場を中心に」『アジア研究』第48巻第2号。

――［2003］金子「生糸を巡る日中地域間競争と世界市場―棲み分けと繭生糸品質との連関を中心に」川勝平太編『アジア太平洋経済圏史：1500-2000』藤原書店。

――［2005］金子「環境と農業をめぐるグローバリズム時代の文明間関係：レスター・ブラウン予測を批判的に継承する」山折哲雄編『環境と文明：新しい文明の創造のために』NTT出版。

――［2006］Shinsuke Kaneko “Inter-Asian competition in the world silk market: 1859-1929” A. J. H. Latham and Heita Kawakatsu (eds), *Intra-Asian Trade and the World Market*. Routledge.

[6] 長期社会変動』東京大学出版会。
―― [1997] 上田「山林および宗族と郷約―華中山間部の事例から」木村靖二・上田信編『地域の世界史10　人と人の地域史』山川出版社
―― [1999] 上田『森と緑の中国史―エコロジカル-ヒストリーの試み』岩波書店。
―― [2002] 上田『トラが語る中国史―エコロジカル・ヒストリーの可能性』山川出版社。
海上 [2001] 海上知明「スミス『国富論』における環境経済思想―環境経済学序説」『国士舘大学大学院政経論集』4号。
梅棹 [1989] 梅棹忠夫『梅棹忠夫著作集　第五巻　比較文明学研究』中央公論社
―― [2000] 梅棹『近代世界における日本文明　比較文明学序説』中央公論新社。
梅原 [1988] 梅原猛『ギルガメシュ』新潮社。
―― [1995] 梅原「農耕と文明」梅原猛・安田喜憲編『講座［環境と文明］三：農耕と文明』朝倉書店。
ウーリッヒ [1998] ヘルムート・ウーリッヒ著、戸叶勝也訳『シュメール―人類最古の文明を辿る』アリアドネ企画。
荏開津 [1994] 荏開津《えがいつ》典生《ふみお》『「飢餓」と「飽食」・食料問題の12章』講談社。
絵所 [2001] 絵所秀紀「アフリカ経済研究の特徴と課題」平野克己編『アフリカ比較研究―諸学の挑戦』日本貿易振興会アジア経済研究所。
王（楽）[1999] 王楽平『中国食糧貿易の展開条件』お茶の水書房。
王（義）[2003] 王義翔「中国の「北大荒開発」による環境破壊について：日本との比較をめざして」『比較文明』第19号。
大塚 [2001]「アジア「食」市場の変遷とアグリビジネス」中野一新・杉山道雄編『講座：今日の食料・農業市場Ⅰ：グローバリゼーションと国際農業市場』筑波書房。
大村 [1998] 大村照夫『新マルサス研究』晃洋書房。
大和 [1996] 大和《おおわ》岩雄『魔女はなぜ人を喰うか』大和書房。
岡田・小林 [2000] 三笠宮崇仁監修、岡田明子・小林登志子共著『古代メソ

――［1997］伊東「比較文明学とは何か」伊東俊太郎編『比較文明学を学ぶ人のために』世界思想社。

伊藤［2007］伊藤千尋『反米大陸―中南米がアメリカにつきつけるNO！』集英社。

伊藤他［1991］伊藤嘉奈子・山田高司・五島義昭・柘植治人「国内産小麦の理化学的性質と製麺適性について」『日本食品工業学会誌』第390号。

市川［1993］市川茂孝『母権と父権の文化史―母神信仰から代理母まで』農山漁村文化協会。

市川・斎藤［1985］市川健夫・斎藤功『再考　日本の森林文化』日本放送出版協会。

稲垣［2002］稲垣清『中国進出企業地図：メイド・イン・チャイナの展開』蒼蒼社。

――［2003］稲垣『図解中国の仕組み―WTO加盟後と新指導部体制対応版』中経出版。

稲本・河合編［2002］稲本志良・河合明宣編著『アグリビジネス』放送大学教育振興会。

今津［1990］今津晃『世界の歴史17・アメリカ大陸の明暗』河出書房新社。

今村［1995］今村奈良臣「訳者解説―世界に衝撃を与えたブラウン論文」レスター・R・ブラウン著、今村奈良臣訳『誰が中国を養うのか？：迫りくる食糧危機の時代』ダイヤモンド社。

入江「1990」入江隆則『グローバル・ヘレニズムの出現―世界は「江戸化」する』日本教文社。

――「1992」入江『日本がつくる新文明』講談社。

ウイットワー他［1989］シルヴァン＝ウイットワー・余友泰・孫頷・王連錚著、阪本楠彦監訳『10億人を養う―詳説・中国の食糧生産』農山漁村文化協会。

ウェッセル［1984］ジェームズ・ウェッセル著、鶴見宗之介訳『食糧支配：米国農産物輸出ブームの成因と背景』時事通信社。

上田［1994］上田信「中国における生態システムと山区経済―秦嶺山脈の事例から」溝口雄三・浜下武志・平石直昭・宮嶋博史編『アジアから考える

〈引用文献〉

阿［2003］阿磊「山峡プロジェクトが我々に与えるもの：総合的効果をもたらす世紀のプロジェクト」人民画報ホームページ、2003年。

朝日［2006］『朝日新聞』2006年10月20日。

雨宮［2007］雨宮処凛『プレカリアート　デジタル日雇い世代の不安な生き方』洋泉社。

アタリ［1984］ジャック・アタリ著、金塚貞文訳『カニバリスムの秩序―生とは何か／死とは何か』みすず書房。

アフリカ委員会［2005］アフリカ委員会『アフリカ委員会報告書パート1：論証』（日本語版）ホームページ。

阿部［2000］阿部淳「WTO体制下における韓国の農政転換」村田武・三島徳三編『講座：今日の食料·農業市場Ⅱ：農政転換と価格・所得政策』筑波書房。

アメリカデータ［2004］合衆国商務省センサス局編、鳥居泰彦監訳『現代アメリカデータ総覧2003』東洋書林。

飯田［1995］飯田経夫『アメリカの言いなりは、もうやめよ』講談社。

石［1985］石弘之『蝕まれる森林』朝日新聞社。

――［2002］石『私の地球遍歴―環境破壊の現場を求めて』講談社。

――［2003］石『世界の森林破壊を追う―緑と人の歴史と未来』朝日新聞社。

石・安田・湯浅［2001］石弘之・安田喜憲・湯浅赳男『環境と文明の世界史』洋泉社。

石川［1997］石川英輔『大江戸リサイクル事情』講談社。

石毛［1984］石毛直道「モデルなき文明」梅棹忠夫・石毛直道編『近代日本の文明学』中央公論社。

石毛監修［1998］石毛直道監修『講座・食の文化：第一巻・人類の文化』味の素食の文化センター。

石毛・森枝［2004］石毛直道・森枝卓士『考える胃袋：食文化探検紀行』集英社。

伊東［1985］伊東俊太郎『比較文明』東京大学出版会。

あとがき

本書は、国際日本文化研究センター（以下、日文研）の文明研究プロジェクト室日本文明研究チームの担当講師（任期：二〇〇四〜〇六年）となってから取り組み始めた研究の成果を、まとめたものである。

二〇〇四年の夏、当時、日文研所長であった山折哲雄先生から、「環境」、「文明」、「レスター・ブラウン」の三つのテーマを含んだ論考を、何か書いてみないか、とのお話しがあった。私の本来の専門分野は経済史であったが、レスター・ブラウンの著作は、大学の学部生の時から読んでおり、その問題意識には、深く共鳴するところがあった。喜んで引き受け、三ヶ月ほどで一気に書き上げたのが、本書の第三章とした論考である。

第二章とした論考は、二〇〇五年二月に、日文研の主催で行われた韓国ソウル国際シンポジウムで報告した内容を、加筆修正したものである。シンポジウムで報告した論考は、その後、比較文明学会に投稿し、審査員の先生方から、貴重なコメントをいただいた。

二〇〇五年の夏、世界的な環境考古学者で日文研教授の安田喜憲先生から、福島県天栄村で開催されるシンポジウムに参加しないか、とのお誘いがあった。私は大学院生時代から、安田先生が執筆された一般書を読んでおり、経済史の研究においても、気候変動の影響や環境史の視点を導入しなければならないと、以前から考えていた。そこで、願ってもない機会と思い、喜んで参加させていただいた。

そのシンポジウム、産学官連携プロジェクト「二十一世紀の環境・経済・文明」には、理系の研究者や民間企業の関係者が多数参加しており、大いに刺激となった。とりわけ、同シンポジウムでのディスカッションにより、環境問題を、理論的側面からも考察する必要があると、強く感じた。第四章の論考は、同シンポジウムへの参加が契機となり、執筆したものである。その後この論文を、城西大学経営学部の紀要に投稿し、審査員の先生から、貴重なコメントをいただいた。そのコメントのおかげで、以前よりもだいぶ良い内容になったと思う。

第五章と第六章は、日文研顧問の梅原猛先生、山折先生、安田先生、それに、近世日本史研究の大家である日文研教授の笠谷和比古先生の影響を抜きには、考えられない。

確かあれは、二〇〇四年の秋か冬のことだったと思う。山折先生が、環境問題とカニバリズム（人肉食）との関係について、示唆された。両者を結びつけて捉えたその慧眼に深く感じるところがあったが、自分の頭の中では、なかなかうまくはまとまらなかった。だがその後、山折先生と、文明研究プロジェクト室日本文明研究チームの前任の担当講師であった濱田陽先生が、精力的に収集し、文明研究プロジェクト室にそろえた貴重な文献に、暇を見つけて少しずつ目を通し、自分自身でも諸文献を収集するにしたがい、一年ほど経って、ようやく頭の中がまとまり始めた。とりわけ、梅原先生の講演録（山折哲雄編『環境と文明―新しい世紀のための知的創造』ＮＴＴ出版、に所収）や安田先生の諸著作を読んで以来、ギルガメシュ叙事詩と森林破壊との関係について強い関心を抱いていたのだが、二〇〇五年の秋くらいから、その二つのテーマが、同時に収斂し始めた。その成果が、第五章である。

私が武士道について関心を持ち、一般書を読み始めたのは、大学の学部生の時であった。実証研究に基づき、新しい視点から武士道を再評価した笠谷先生の著作を読み始めたのは大学院生の時であったが、大いに啓発された。日文研内での研究会では、貴重なご助言もいただいた。武士道とエコロジー社会との関係については、まだまだ大いに研究の余地のあるところではあるが、現時点での成果が、第六章である。

なお、本書のいくつかの章は、川勝平太先生が主催する日文研共同研究会と、秀明大学元学長の高瀬浄先生が主催する「科学と宗教の対話」研究会で、報告させていただく機会を得た。川勝先生は大学院修士課程の時の恩師であり、文明研究プロジェクト室日本文明研究チームの室長、すなわち上司であった。大学院時代は、博士課程となってからも度々論文指導をしていただき、日文研時代は、何度も有益なコメントをいただいた。

高瀬先生は、学部時代の恩師である。経済と環境、それに文化・文明との問題、さらに、グローバリズムやコモンズ研究などについて、大いに啓発された。レスター・ブラウンの著作を読んだのも、ゼミ生の時であった。

このように本書は、多くの先生方のご指導と、ここではお名前をあげることはできなかったが、シンポジウムや研究会でいただいた、実に多くの先生方からのご助言やご教示によって、完成したものである。記して、感謝の意を表明したい。もちろん、本書が抱えているであろう多くの瑕疵は、全て、筆者である私一人の責任であるのは、言うまでもない。

本書の刊行にあたっては、論創社の森下紀夫社長に、誠にお世話になった。

最後に、今まで支えてくれた家族に、感謝の意を記したい。

金子　晋右

二〇〇八年四月

金子晋右（かねこ・しんすけ）

1970年、東京都生まれ。

1993年、早稲田大学社会科学部卒業。

1996年、早稲田大学大学院経済学研究科修士課程修了。

2002年、横浜市立大学にて、博士（経済学）の学位を取得。

県立広島女子大学、国際日本文化研究センター、東海大学、城西大学、横浜市立大学にて、講師を勤める。

【主な論文】

「戦前期の世界生糸市場を巡るアジア間競争―インドの蚕糸業と輸入生糸市場を中心に」『アジア研究』（アジア政経学会）第48巻第2号、2002年4月、など。

【主な共著書】
A.J.H.Latham and Heita Kawakatsu (eds), *Intra-Asian Trade and the World Market*. Routledge. 2006.1.（単独執筆部分Chapter5 "Inter-Asian competition in the world silk market: 1859-1929" pp.75-91.）、など。

文明の衝突と地球環境問題
――グローバル時代と日本文明

2008年9月25日　初版第1刷発行
2012年5月10日　初版第2刷発行

著　者　金子晋右
発行人　森下紀夫
発行所　論 創 社
〒101-0051
東京都千代田区神田神保町2-23　北井ビル2F
振替口座　00160-1-155266　電話03（3264）5254
URL http://www.ronso.co.jp/
印刷・製本　中央精版印刷
ISBN 978-4-8460-0690-7　